扮 彩 四 季 庭 院

铁线莲栽培入门

A Guidebook of Clematis Cultivation

[日] 及川洋磨○著 陶旭○译

长江出版传媒 湖北科学技术出版社

与达人一起谱写铁线莲乐章

铁线莲园艺种大约在10年前进入中国，与其他园艺植物不同的是，铁线莲因为本身复杂的分类，以及需要细心呵护、修剪的特性，注定是一种个人化的园艺植物（适合家庭种植，不适合用于大规模绿化），所以它的普及之路与国内家庭园艺的发展路径几乎同轨。

铁线莲充满个性的花色，攀缘的特性，以及千姿百态的造型，迷倒了无数花卉爱好者，以至于现在无论何种水平的花友，家里多多少少都有几株铁线莲，铁线莲也因而得到了一个爱称，叫作“小铁”。另外，铁线莲还有一个特征是需要栽培者付出许多耐心和劳力。也就是说，我们只有付出更多的心血和关注，它才会回报给我们更美的绽放。

从冬季的换盆、追肥，春季的嫩枝牵引绑扎，到初夏花后的修剪整枝，秋季的追肥、促花，再到冬季的修剪，以及对病虫害的快速反应，尤其是防范枯萎病的各种手段，使铁线莲的栽培过程扣人心弦又充满挂念。

为了更好地养护和运用我们手中可爱的“小铁”，“绿手指”继《绿手指玫瑰大师系列》之后，又策划了《绿手指铁线莲达人系列》。本系列丛书共有4本，分别是国内原创图书《铁线莲栽培12月计划》，引进图书《铁线莲栽培入门》《铁线莲完美搭配》《月季·圣诞玫瑰·铁线莲的种植秘籍》。

《铁线莲栽培12月计划》由国内的铁线莲达人米米童（昵称米米）编著，插画师奈奈与七（昵称奈奈）手绘。米米的勤奋与执着，插画师奈奈的灵气和表现力，让这本书充满干货。

本书以时间为轴线，按月介绍不同品种的养护要点，分享来自实践的心得，简明易懂，操作性强。

米米从2010年开始种植铁线莲，8年来尝试过的栽种地点有公寓窗台和花园露台，种植过数百个品种，并坚持在微博上连载她的种植记录，是铁线莲花友中女神级的人物。

我曾与米米有过长期的同群交流经历和短暂的一面之交，无论是在网络还是在现实中，米米对铁线莲和其他植物发自内心的热爱都充满了感染力。同时，作为一个“理科女”，她的探究精神与逻辑性在书中也随处可见。

《铁线莲栽培入门》是日本铁线莲大师及川洋磨的作品。及川洋磨是位于日本岩手县的著名铁线莲苗圃的第二代继承人。他既拥有丰富的铁线莲栽培知识和经验，又在铁线莲的造景运用上独具匠心，是一位极有心得的铁线莲造景师。本书主要介绍了铁线莲基础的养护方法，以及在花园各种场景下的运用、牵引方法和造景要点，对于目前还以盆栽为主的我国铁线莲爱好者来说，是不可多得的参考。

《铁线莲完美搭配》是日本铁线莲大师及川洋磨和金子明人的合作之作，从书名可知，本书同样注重铁线莲的花园运用，只是稍微转换了视角，着眼于介绍各种环境下适宜栽种的铁线莲品种，为篱笆、拱门、塔架、盆栽、窗边等不同的小场景和与草花、玫瑰、月季等其他植物搭配推荐了不同的铁线莲品种，并对它们的习性进行了详细的归纳，堪称铁线莲造景大图鉴。

《月季・圣诞玫瑰・铁线莲的种植秘籍》是小山内健、野野口稔、金子明人三位大师合著的作品。在翻译的过程中，我发现本书中有大量的新概念和实践信息，导致我们的理解和翻译异常辛苦，但也大有收获。

在国外，有把月季、铁线莲、圣诞玫瑰合称为CCR（Clematis,Christmas rose,Rose）的说法，在英国甚至把CCR称为花园三大要素。月季的颜值芳香、铁线莲的立体造型、圣诞玫瑰的冬日色彩，使CCR把花园从时间和空间上都打扮得丰富多彩。国外能让CCR“聚会”的花园不少，但是让CCR“聚会”的书籍却不多，所以我第一次看到这本书就下定决心要把它介绍给中国的花友。今天它的中文版发行，让我有了梦想成真的欣喜。

最后，我希望有更多的花友通过这套书爱上并种好铁线莲，也祝愿大家在各自的花园里让CCR绽放魅力。

说明：书籍中“日本东北地区以西和以南的平原地带”是指日本以关东平原为主的夏季炎热、冬季温暖的地区，大致对应中国黄河以南至长江流域；“日本关东地区以西的平原地带”，气候大致对应中国长江流域。

药草花园

欢迎来到铁线莲花园

铁线莲中既有明媚春光之下开满整片花格的品种，也有在和煦的冬日阳光下静静开放的品种……无论哪种都让人过目不忘。

铁线莲不仅花形和花色各有不同，品种特性也千差万别，其中大多是爬藤的藤本品种，但也不乏没有藤蔓无须支撑的直立品种。品种丰富、用途多样可以说是铁线莲最大的魅力。

本书的Part1主要介绍铁线莲的搭配和使用方法，帮你从众多铁线莲品种中选择最适合自己的品种。

在Part2中，将介绍铁线莲初级爱好者也能轻松上手的种植培育方法。

希望本书有助于你打造出魅力四射的铁线莲花园，享受丰富的园艺乐趣。

有铁线莲相伴的美好生活

铁线莲（*Clematis*）与圣诞玫瑰、花毛茛等同属毛茛科，为木本多年生植物。以北半球的温带地区为中心分布有约300个原生品种，在日本也分布有转子莲、半钟蔓、圆锥铁线莲等20多个野生品种。

此外，由这些野生品种还育成了很多园艺品种，而且一些野生品种也被直接用于园艺种植，所以铁线莲有着非常丰富的变化。在日本，“**テッセン**”（中文称‘幻紫’）既被作为铁线莲的总称使用，同时也指其中的一个具体品种。

铁线莲的魅力

1 多为藤本

藤本植物不同于一般的树木或宿根植物，它们通常具有一定的高度，可以纵向攀爬开花装点立体空间，这就为花园设计提供了更多的可能性。而且即使在非常狭窄的地方也可以有各种欣赏美花的方法。

2 种类众多

铁线莲在一年四季之中都会有一些开花的品种，花形、花色缤纷各异，甚至让人难以相信是同种植物，光是挑选品种的过程就是一种享受。而且叶片的形状和颜色也各有特色，只是欣赏那一片绿色就令人心旷神怡。除落叶品种外还有常绿品种，可以作为绿色屏障来使用。而直立品种和半藤本品种，则可以尝试更多的搭配方法。

3 容易打理

铁线莲没有刺，枝条柔软，非常便于牵引。即使地方狭窄也能有很好的表现，如果植株长得过于繁盛，只需直接剪断枝条缩小株形即可。

contents 目录

Part 2

推荐品种

四季流转之间

春光里

在玫瑰盛开的季节，
铁线莲也一展芳容

在春色盎然的花坛中展现轻盈身姿的铁线莲

铁线莲里也有左图中这种吊钟状花形的。蓝紫色的花朵亭亭玉立，在绚烂多姿的花坛中很是抢眼。品种名为‘如古’。

春天初现花苞

春天最大的惊喜便是花苞乍现了。看着花苞一天一天膨大起来，令人无限期待花开的美好。

粉色是春天的颜色

春日最迷人的莫过于粉色的花朵了。这是花瓣上有着洋气条纹的‘雅天琪’。

从初夏到盛夏

部分铁线莲品种会在夏季再度开花

夏日澈蓝的天空映衬下 红色小花显得格外娇艳

晴空下，吊钟形的‘玫瑰之星’抽出修长的花葶，开出娇媚的花朵。这是夏季持续开花的品种之一。

紫中飞白的清凉花色

这样的花色让人不禁联想到国画中的飞白效果，图片中为令人过目不忘的‘维尼莎’。

变幻迷人的种子们

铁线莲花谢后种子的样子也非常独特。入夏后种子上的长须仿佛仙人的胡须，飘逸神秘。

添彩冬季花园的白色花朵

‘铃儿响叮当’从晚秋开花至冬季，在冬日暖阳的衬托下花朵尤为楚楚动人。

从晚秋到早春

在少见花开的时期里，铁线莲一枝独秀

可爱的报春花

在乍暖还寒的早春时节，‘银币’就已经迫不及待地展现可爱芳颜了。

深绿色的叶片与白色的花朵为春光增色

早春时节，整株开满花朵的小木通很是抢眼。常绿的叶片也非常美丽迷人。

Part 1

有铁线莲相伴的美好生活

铁线莲的品种多样，形态各异，有着丰富的种植搭配方式。
这里将从地点、搭配资材、季节等角度来介绍铁线莲的种植搭配方法，
并根据各种方法相应提供新手容易把控的品种图鉴。
希望能帮你找到最适合自己的品种，培育出最美的花朵。

关于图鉴的说明

开 花 期： 指参考开花时期。气候、植株状态、修剪等因素会对开花期和开花次数有所影响。
花　径： 开花直径的参考值。部分种类的这个数值指花朵长度。
株　高： 这是正常培育的状况下预想可能达到的攀爬高度。对于直立品种来说，这个数值指参考植株高度。

盘绕在栏杆或平面花格上

这可以说是铁线莲最常规的打理方式。可以充分发挥其藤本特性，其大气悠然的身姿将花园的空间装扮得别样精彩。

打造一面铁线莲花墙

把铁线莲的枝条牵引在花格或墙面上，可以打造出一片花之墙。

打造藤蔓爬满花格的花墙

如果家里有围栏，不妨尝试在下面种些铁线莲，多年后就会开成图片中这样的花墙了。这里是用‘维尼莎’（紫白渐变色）、‘小奈尔’（白色带红紫色镶边）、‘玫瑰之星’（紫色）搭配在一起的。

用心搭配资材

为了营造出理想的效果，不仅要精心选择铁线莲的品种，还要在搭配的资材上多用心。在灰色墙壁的衬托下，铁艺花架和铁线莲的花色搭配得相得益彰。

牵引在木台的扶手上

在木台的扶手上有用于加固水泥结构的焊接金属网，将铁线莲‘晴山’（白色）和‘鲁佩尔博士’（粉色）搭配起来牵引其上。

要点提示

牵引在什么地方?

最直观的就是把铁线莲牵引在花园或占地边缘已经建好的围栏上，效果非常惊艳。把植物牵引在房屋的外墙上应该是很多人的梦想，如果你的房子不适合直接牵引枝条，在墙壁外侧搭设花格也可以营造出类似的效果。

用心选用牵引资材

即使同样的品种，也会因牵引资材的不同而营造出不同的效果。例如同一个品种的铁线莲与竹篱笆搭配会呈现出乡间自然风情，与铁艺花架搭配则会有欧式效果。可以根据自己的想法来打造出不同的风格。

品种搭配——更多元的表现形式

只栽种单个品种的铁线莲当然很美，但如果把几个品种搭配在一起栽种会有更丰富的表现（见第28页）。

品种选择的原则

如果只是按照开花的样子来挑选品种，可能不会得到满意的效果。若有大面积的空间，最好选择枝条伸展旺盛的品种；若面积较小的，最好选择低位开花的品种（见第9页）。

确定株距和株数

在定植的时候，每株之间的距离最好控制在50～60cm。开始的时候可能会稍显稀疏，但如果种得过密的话会影响植株生长。两三年后就会有非常好的开花效果了。关于定植和牵引方法请参考Part 2中的相关内容。

株距50～60cm

在花园中打造视觉焦点

在花园里设置立体花架、支柱、拱门等，让铁线莲攀爬其上，可以打造出吸引眼球的视觉焦点。

自己制作支柱

把细竹竿插在院子里，用绳子将竿头束在一起，就可以做出方尖碑式的花架了。简单的小手法便可以营造出自然和谐的效果。上图中的品种为‘杰克曼二世’。

让铁线莲拱门引领花园风景

拱门可以起到打造花园立体效果的作用。铁线莲就是非常适合拱门的选择，由于不像玫瑰那样有刺，所以无论种在哪里都不用担心被扎伤。上图中的品种为‘蓝天使’。

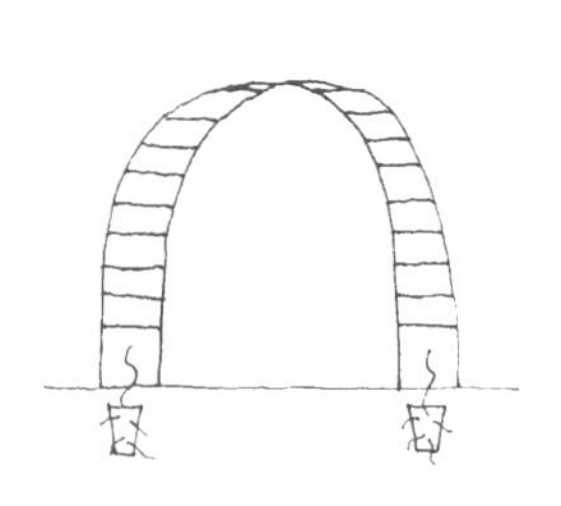

拱门

左右两侧各栽种1株。

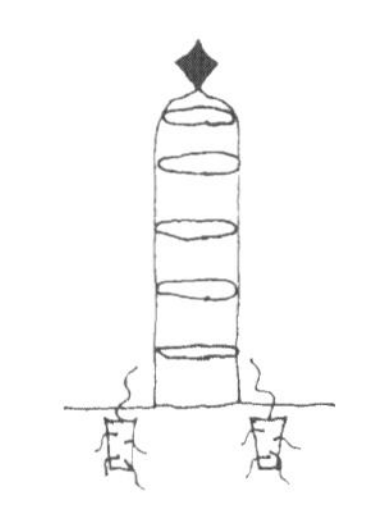

立体花架

如果花架的直径为50～60cm，则在对角位置上各栽1株。

要点提示

巧用各种牵引资材打造出丰富的效果

与平面花格或栏杆的搭配原理相同，资材的变化会打造出不同的效果。可以试试用树枝或细竹竿自己手工制作小型花架。

品种选择和确定株距

各种立体花架和拱门的大小不尽相同，需要根据覆盖的面积选择合适的品种。定植的株距最好控制在50～60cm。在拱门上的牵引方法请参考在栏杆和平面花格上的牵引方法。

伊丽莎白
C.‘Elizabeth’

开花期 4~5月　花径 4~6cm
株高 4~5m　蒙大拿组

这是同组中的人气品种。春季可爱的小花开满全株，散发出阵阵香草芬芳。不太适合闷热环境，推荐寒冷地区种植。

杰克曼二世
C.‘Jackmanii’

开花期 5~10月　花径 8~12cm
株高 3~4m　晚开大花组

这是备受喜爱的典型深蓝色品种，同时也是铁线莲中知名度很高的品种，可以在围栏等处灵活利用。枝条粗壮，打理轻松，长势旺盛，可以在很大的空间里有出色表现。

维多利亚
C.‘Victoria’

开花期 5~10月　花径 8~15cm
株高 2~3m　晚开大花组

明亮的蓝粉色花，坐花效果好。枝条粗壮，植株强健，易打理，长势旺盛。可以让枝条缠绕在围栏、拱门等处，打造出大方雅致感。

艾米丽
C.‘Emilia Plater’

开花期 5~10月　花径 6~10cm
株高 2.5~3m　意大利组

蓝色粉彩效果的花朵兼具柔美与清爽的气质，在很多场景下搭配都很合适。花瓣4~6片微曲，颇具动感。

舞池
C.‘odoriba’

开花期 5~10月　花径 3~5cm
株高 3~4m　德克萨斯 · 尾叶组

花朵呈吊钟形，花瓣外沿稍带粉紫色，中央为白色。这是粉色吊钟形花中非常受欢迎的品种，生长十分旺盛，使其攀爬在围栏或拱门上也别有意趣。

包查德女伯爵
C.‘comtesse de bouchaud’

开花期 5~10月　花径 8~12cm
株高 1.5~2.5m　晚开大花组

植株强健，新手也可以轻松打理。坐花状况好，花朵大小适中，易在各种场景下搭配造景。

维尼莎

C.‘Venosa Violacea’

开花期 5～10月　花径 7～10cm

株高 2.5～3m　意大利组

紫色花瓣带白色中筋，无论是欧美风格的花园，还是亚洲风格的花园都很适合。枝条上开出大小适中的中型花朵，令人百看不厌。

罗曼蒂克

C.‘Romantika’

开花期 5～10月　花径 7～10cm

株高 1.5～2.5m　晚开大花组

近乎黑色的深紫红色花瓣与浅黄色花蕊搭配起来展现出独特的魅力。这个品种兼具多花性、强健、强四季开花性三大优势，是非常值得新手尝试种植的优秀品种。

小白鸽

C.‘Alba Luxurians’

开花期 5～10月　花径 4～5cm

株高 3～3.5m　意大利组

白中带绿的花瓣颇具个性，为炎热的夏季带来些许清爽之感。如果植株养得比较强健几乎可以整株开满花。与其他品种搭配起来也有很好的表现。

玫瑰之星

C.‘Etoile Rose’

开花期 5～10月　花径 4～5cm

株高 2～3m　意大利组

花瓣边缘带有荷叶边褶皱，花朵呈可爱的粉色吊钟状。花柄很长，在离藤蔓很远的位置开花，恍惚间让人觉得似乎是空中开出朵朵花来，颇具漂浮感。多花性，不断开出向下的美花。

典雅紫

C.‘Purpurea Plena Elegans’

开花期 5～10月　花径 4～6cm

株高 3～4m　意大利组

开出暗紫红色的可爱重瓣小花。坐花状况特别好，整株开满花的状态也不是遥远的梦想。单花开花期久，观花时间长。

查尔斯王子

C.‘Prince Charles’

开花期 5～10月　花径 6～12cm

株高 2～3m　晚开大花组

开出大小适中的中型花，花色为淡雅的水粉蓝色，适合与围栏、立体花架、拱门等搭配，以易打理且多花的特性而颇受青睐。

蓝珍珠
C.‘Perle d'Azur’

开花期 5 ~ 10月　花径 8 ~ 12cm
株高 3 ~ 3.5m　晚开大花组

蓝色花瓣带粉紫色中筋。枝条粗壮、强健。花量大、长势旺盛，可以利用这个特性充分把握观赏时机。

茱莉亚夫人
C.‘Madame Julia Correvon’

开花期 5 ~ 10月　花径 5 ~ 10cm
株高 2.5 ~ 3m　意大利组

可以在整株开满酒红色花朵，是红色四季开花类型中的代表性品种。如果在红色系中挑来挑去犹豫不决，推荐选择这个品种。

紫罗兰之星
C.‘ Étoile violette’

开花期 5 ~ 10月　花径 6 ~ 8cm
株高 2.5 ~ 3m　意大利组

这是四季开花性强的紫色系花中的代表性品种。如果想让围栏或墙面整片都开满花，推荐选择这个品种。植株非常强健且易打理，很适合作为自己的第一棵铁线莲来种植。

麦克莱特
C.‘Mikelite’

开花期 5 ~ 10月　花径 6 ~ 10cm
株高 2 ~ 2.5m　意大利组

花色为近乎黑色的深紫色，营造出鲜明的美感，尤其是在强烈的日光照射下更具魅力，整株开满深紫色花后非常抢眼。

雪花
C.‘Snowflake’

开花期 4 ~ 5月　花径 4 ~ 6cm
株高 4 ~ 5m　蒙大拿组

小花总是会收获不少的人气。攀爬在围栏等处可以打造出一派柔美空间。耐热性较差，推荐寒冷地区栽种。

格拉芙泰美女
C.‘Gravetye Beauty’

开花期 5 ~ 10月　花径 6 ~ 8cm
株高 2 ~ 3m　德克萨斯・尾叶组

开深红色花，即使日照强烈也可以充分展现迷人身姿。花朵为四瓣的郁金香形，开花过程中花瓣缓慢开放。最好种在向阳的位置。

戴安娜公主

C. 'Princess Diana'

开花期 5~10月　花径 4~6cm

株高 2~3m　　德克萨斯・尾叶组

开粉色花，四片花瓣呈郁金香状。新枝伸展的过程中从下向上不断开花。由于品种强健、生长旺盛，所以最好准备较大的空间来种植。

美好回忆

C. 'Fond Memories'

开花期 5~10月　花径 12~17cm

株高 2~2.5m　　佛罗里达组

白色花瓣上稍带粉紫色，因生长状态、开花时期不同，花的大小有所区别，并呈现不同的花色效果。这是易种植且坐花效果好的品种，推荐一定要种一种。

绿玉

C. florida var. *flore-pleno*

开花期 5~10月　花径 6~10cm

株高 2~3m　　佛罗里达组

开花过程中花朵从中央到四周呈现浅黄绿色，花开后逐渐变成白色。枝条纤细，花朵雅致，单花开花期长，赏花时间长。

幻紫

C. florisa var. *sieboldiana*

开花期 5~10月　花径 6~10cm

株高 2~3m　　佛罗里达组

白色花瓣与紫色花蕊的搭配十分独特，既适合亚洲风格花园，也可以搭配在西式花园中，是非常百搭的人气品种。整体观赏期长，枝条纤细。

如古

C. 'Roguchi'

开花期 5~10月　花径 5~6cm

株高 1.5~2.5m　全缘组

这是紫色吊钟形铁线莲中最具代表性的品种。生长非常旺盛，开花接连不断。枝条伸展适中，非常适合在围栏等处使用。需要注意白粉病。

圆锥铁线莲

C. terniflora

开花期 9~10月　花径 3~4cm

株高 4~6m　　华丽杂交组

从夏末到秋季，整株开满白色小花，有淡淡的香味，可谓非常精彩的花季压轴品种。植株强健，生长旺盛，最好准备比较大的空间种植。日本自生的野生品种。

与树为伴

如果直接用树木代替花架或栏杆，让铁线莲攀爬其上，可以打造出非常自然和谐的效果。但需要选择合适的树木，并有几点注意事项。

适用品种

适合这种搭配方法的通常是枝条伸展旺盛的品种。如‘舞池’、‘蓝珍珠’、‘阿尔巴’和圆锥铁线莲等。

建议选用落叶树或针叶树

如果光照不充足，铁线莲不会正常开花。通常来说，与常绿树相比，落叶树的透光性更好，所以更适合与铁线莲搭配。但常绿树中的针叶树另当别论，针叶的特殊结构会让铁线莲留在外层，不用担心照不到阳光，因此也可以与铁线莲搭配。

定植和打理的要点

栽种铁线莲时，需要与树的基部拉开30～50cm的间隔，且要在土里埋入塑料板等以防两种植物的根部互相影响。注意铁线莲有可能由于树木的遮挡而淋不到雨，或者与树木争抢水分而造成根部过干，所以如果连日天气过干需要特别补水。

先用盆栽试效果

地栽后的铁线莲不太容易移栽，所以可以先将没有定植的盆栽放在树边让其攀爬一下看看效果，确认这里的环境是否适合其生长，搭配效果是否满意，然后再考虑定植。

上/在大株的黄木香上搭配铁线莲‘紫罗兰之星’，用绑绳固定一个位置，之后任其自由攀爬。
下/在尖叶的针叶树上搭配铁线莲‘约玛’，银灰色叶片和蓝紫色花朵搭配起来清爽宜人。

种在花坛里

有一些铁线莲品种可以不用支架支撑，当作一般的花草种在花坛中。

当作宿根花卉栽种

某些直立型和半藤本型的铁线莲可以直接当作普通的宿根花卉种植。开动脑筋也可以种出不同的搭配效果。

种在花坛边缘

株形直立向上但会自然外倾的半藤本型铁线莲非常适合种在花坛的边缘。花朵朝上开放的‘阿拉贝拉’虽然开出的浅紫色花朵稍小，但可以与充满绿色的花坛自然和谐地搭配起来。深紫色小花为柳穿鱼。

为角落添彩

一些小巧雅致的直立型铁线莲也可以这样种植：藤本月季‘弗里西亚’攀爬在木廊上，在其脚下栽种铁线莲‘亨德森’，既可以遮掩根部露土，又能起到很好的装饰作用。

与绿被植物搭配起来

绿被植物麦仙翁有着银灰色的叶片，开出白色的小花，与铁线莲‘阿拉贝拉’的浅紫色花朵搭配起来显得清爽宜人，可以在花坛尝试类似的有趣搭配。

要点提示

适合品种

在全缘组铁线莲和大叶组铁线莲中有一些直立品种和半藤本品种，非常适合这类用法。

定植及养护要点

对于全缘组铁线莲中的半藤本品种，植株长到一定高度后即开始横向扩展，所以最好种在近处。而大叶组铁线莲中的直立品种，植株可以长得比较高，所以适合种在远端。

这些品种的花后修剪（见第52页）既可以按照通常铁线莲的修剪方法进行，也可以按照普通宿根花卉的修剪方法来打理。

阿拉贝拉

C.‘Arabilla’

开花期 5～10月　花径 7～9cm

株高 0.5～1.5m　全缘组

开花初期花色较浓，之后逐渐变浅。

阿尔巴

C. integrifolia ‘Alba’

开花期 5～10月　花径 4～5cm

株高 30～60cm　全缘组

带有甜美芳香，是朝下方开花的优雅品种。四季开花性强，也可以作为鲜切花使用。其花色很适合与宿根花草搭配，可以用于混合种植。

花岛

C.‘Hanajima’

开花期 5～10月　花径 3～4cm

株高 20～50cm　全缘组

花瓣边缘向外翻卷，是花形非常灵动的吊钟形品种。株形紧凑，适合搭配低矮的宿根花草，也可以用作鲜切花。

小鹰

C.‘Petit Faucon’

开花期 5～10月　花径 6～10cm

株高 1～1.5m　全缘组

艳紫色的花瓣上带有美丽的光泽。从花苞到花朵绽放再到花瓣扭转的过程，变化丰富且耐人寻味。易栽培，每年发出的枝条逐渐增多，开花数量也不断增多。

明神

C.‘Myojin’

开花期 5～10月　花径 4～5cm

株高 40～70cm　全缘组

艳蓝色吊钟形花朵，花瓣稍扭转。枝条不会长得过高，株形容易控制，是地栽或盆栽都很合适的品种。

中华紫

C.‘China Purple’

开花期 7～10月　花径 2～3cm

株高 50～80cm　大叶组

从叶间长出枝条，在枝梢上开出类似风信子的深紫色小花。株形直立，叶片也很具观赏性。这个品种在其他植物开花较少的季节里依然有很好的表现，是很值得期待的品种。

让枝条横向伸展

实际上，即使藤本植物，也不一定需要牵引，可以试试让枝条横向伸展。

适用品种

这种方法建议用于早春修剪时留枝较少的品种（见第54页）。通常是晚开大花组、意大利组、德克萨斯·尾叶组等种类中的中小花品种。这些品种更易于横向伸展管理。

为花园营造动感

若使藤本铁线莲的枝条自然横向伸展可以为花园带来优美的动感，而且会在意想不到的地方展露娇艳，很是可人。

可以作为绿被或搭在石头上

铁线莲十分适合在比较强健的地被植物或石头上横向伸展。平坦的地方效果非常好，如果是有一些起伏的地方则可以打造出垂枝的效果。

养护要点

枝条伸展开后，尽量不要让所有枝条纠缠在一起，而是在想要有花的方向上分散一些。

上/各有风情的铁线莲在石头上绽放，展现出不同的质感。三个品种分别为：'如梦'（粉色大花）、'可觅'（红色小花）、'伦德尔太太'（紫色）。
下/铁线莲'华沙女神'（紫红色）和'江户紫'（紫色）在斜坡的地被植物上展露曼妙身姿。

盆栽

除了地栽在花园里，使用花盆栽种铁线莲也可以有非常好的效果。

要点提示

适合盆栽的种类

枝条不过度伸展、坐花状况好且不适合湿度过大环境的常绿组非常适合盆栽种植。常绿组纤细的绿叶颇具魅力，是铁线莲中非常特别的一组。不仅适合种在吊篮、吊盆中打造垂枝效果，还可以种在较大的花盆中进行组合盆栽，也可以在花盆中加上小型支架牵引其上。

养护要点

耐寒性较弱，在日本只有关东地区以西的平原地带可以室外越冬。忌过湿，不要浇水过勤。具体养护方法请参考 Part 2。

不设支架

早春开花的常绿组枝条不会过度伸展，栽种的时候也可以不用支架。

用吊篮种起来

如果不用支架，‘银币’就会自然长成垂枝效果。轻松开满花朵是常绿组的最大特点。

搭配立体花架或平面花格

盆栽铁线莲也可以搭配立体花架或平面花格。

攀爬在木制立体花架上

在花盆里立起花架，就可以在阳台等空间较狭窄的地方欣赏铁线莲了。右图中攀爬在木制花架上的是早开大花组的铁线莲。

配合花盆使用花格

上图中是带有花盆台的花格，可以移到自己喜欢的地方（整体照片见第37页）。这也是一种参考搭配方法。这里的品种为‘美好回忆’。

要点提示

选择花盆搭配

花器是营造整体氛围必不可少的元素。如果在日式土盆里插上竹竿，全呈现出一派和风景致。如果在西式红陶盆里搭配方尖碑式的花架，就会是欧式效果了。用心搭配便可以打造出最适合自己的风格。

慎重选择品种

一些原生品种盆栽不易开花，本书列出了一些易于盆栽的品种，可以参考第20页。

养护方法请参考Part 2。

推荐品种
不设支架栽培（盆栽）

银币

C. × *cartmanii* 'Joe'

开花期 3~4月　花径 3~5cm
株高 0.5~1.5m　常绿组

花朵精致，初开时带绿色，之后逐渐变白，植株整体开满花。在同组中属易栽培品种。在日本关东地区以西的平原地带可以户外过冬。

小精灵

C. 'Pixie'

开花期 3~4月　花径 2~3cm
株高 0.5~1m　常绿组

花朵初开时为黄绿色，之后逐渐偏黄色。与绿色系搭配比较和谐。株形紧凑，整株开花。在日本关东地区以西的平原地带可以户外过冬。

月光

C. 'Moonbeam'

开花期 3~4月　花径 2~3cm
株高 0.5~1m　常绿组

花朵初开时稍带黄色，之后逐渐变白。

中国红

C. 'Westerplatte'

开花期 5~10月　花径 10~12cm
株高 0.8~1.2m　早开大花组

酒红色天鹅绒状花，显得非常高雅。四季开花性强，从植株较低的位置开始开出很多美花，株形紧凑易观赏。

卡娜瓦

C. 'Kiri Te Kanawa'

开花期 5~10月　花径 12~15cm
株高 1.5~2m　早开大花组

为稍带蓬松感的蓝色重瓣花。枝条偏粗。植株强健易栽培、易打理，容易复花。株形紧凑 。

HF 杨

C. 'H. F. Young'

开花期 5~10月　花径 12~15cm
株高 2~2.5m　早开大花组

美丽清爽的蓝色让这个品种成为铁线莲中的绝对代表性品种。植株强健易打理，四季开花性强。如果是只想种一棵铁线莲的新手，推荐选择这个品种。

魅力紫罗兰

C.‘Violet Charm’

开花期 5～10月　花径 14～17cm
株高 1.5～2.5m　早开大花组

花朵为类似薰衣草的淡紫色，非常清爽宜人。枝条较粗，植株强健易栽培。枝条伸展效果好，适合种在较大的立体花架上。

小鸭

C.‘Piilu’

开花期 5～10月　花径 7～10cm
株高 1.2～1.8m　早开大花组

花朵会因植株状态不同而呈现出单瓣、半重瓣、重瓣。花形小巧可爱，节节开花，覆盖整棵植株。枝条长势较紧凑，方便打理。

晴山

C.‘Haruyama’

开花期 5～10月　花径 12～15cm
株高 1.5～2.5m　早开大花组

白色的花瓣坚挺厚实，单花开花期长。四季开花性强，容易二茬复花。枝条粗壮且生长旺盛。即使新手也很容易打理，非常推荐种植。

约瑟芬

C.‘Josephine’

开花期 5～10月　花径 12～15cm
株高 2～2.5m　早开大花组

单花开花期为近一个月的时间，开花时从中心逐渐展开，花形独特。

爱丁堡公爵夫人

C.‘Duchess of Edinburgh’

开花期 5～10月　花径 10～15cm
株高 1.5～2.5m　早开大花组

深受人们喜爱的白色重瓣名花。花朵初开时稍带绿色，之后逐渐变白。虽为重瓣花，但不过于浓艳，非常优雅且易搭配。

鲁佩尔博士

C.‘Doctor Ruppel’

开花期 5～10月　花径 12～15cm
株高 2.5～3m　早开大花组

这是粉色花中的著名品种，深受人们喜爱。四季开花性强，坐花状况好。与‘HF杨’一样，也是新手很容易打理的品种。

多蓝

C. ‘Multi Blue’

开花期 5～10月　花径 10～12cm

株高 1.5～2m　早开大花组

花蕊呈针状，花形独特。花瓣凋落时花蕊依然完好，有着很好的观赏性，单花观赏期长。植株强健易打理，容易复花。

红星

C. ‘Red Star’

开花期 5～10月　花径 8～12cm

株高 2～3m　早开大花组

红色重瓣花的代表性品种。花朵初开时鼓胀起来，之后慢慢平开。易于复花，单花开花期长，观赏性出众，非常推荐种植。

卡罗琳

C. ‘Caroline’

开花期 5～10月　花径 9～12cm

株高 1.5～2m　晚开大花组

鲑粉色的花朵，营造出柔美的氛围。简洁的尖瓣花，是多花性且强健易栽培的品种。

里昂村庄

C. ‘Ville de Lyon’

开花期 5～10月　花径 8～12cm

株高 2～3m　晚开大花组

这是变化非常丰富的鲑红色名花。花瓣偏圆，十分可爱。花朵大小适中，与红砖等建筑素材搭配起来相得益彰。

米妮西丽

C. ‘Miniseelik’

开花期 5～10月　花径 7～10cm

株高 0.8～1.2m　晚开大花组

花朵为偏紫红色的可爱圆瓣花。开花性强，从植株较低的位置开始节节开花。株形紧凑，也可以栽种在吊篮中。

雪小町

C. ‘Yukikomachi’

开花期 5～10月　花径 7～10cm

株高 1.5～2m　晚开大花组

白色花瓣上带有浅紫色镶边，显得非常雅致。花朵大小适中，节节开花，是色彩精致的出色品种。

摇滚乐
C.‘Roko-Kolla’

开花期 5~10月　花径 12~15cm
株高 1.5~2.5m　晚开大花组

花瓣白色略带黄绿色，中央带有浅黄色中线，形状细长。精致的尖形花瓣营造出一派清爽雅致的氛围，是颇具人气的品种。四季开花性强。

贝蒂康宁
C.‘Betty Corning’

开花期 5~10月　花径 4~6cm
株高 2.5~3m　意大利组

向下开出粉蓝色的可爱小花，还带有芳香气息。多花性，在生长旺盛时期节节开花。易栽培。

阿柳
C.‘Alionushka’

开花期 5~10月　花径 5~8cm
株高 1.5~2m　全缘组

较大的艳粉色吊钟形花，适合牵引在立体花架等处，或种在较大的花盆中不做支撑，打造出垂吊效果。

维克多雨果
C.‘Victor Hugo’

开花期 5~10月　花径 7~10cm
株高 1.5~2m　全缘组

花朵为雅致的深紫色，大小适中。节节开花，枝条纠缠在一起的情况较少，为半藤本型。可以选用较大的立体花架来搭配。

紫子丸
C.‘Shishimaru’

开花期 5~10月　花径 8~12cm
株高 2~3m　佛罗里达组

花朵初开时颜色较浅，之后逐渐开放成为深紫色重瓣花。植株强健时花姿高贵而稳重，营造出非凡的景致。

新幻紫
C.‘Vienetta’

开花期 5~10月　花径 8~12cm
株高 2~3m　佛罗里达组

中心部分的花瓣为花蕊异化而成，从绿到紫逐渐展开，精致优雅。多花性，单花开花期长，观赏期长，很有特色。

从冬季到早春开花的品种

大多数铁线莲会从春季到秋季开花，但也有一些在晚秋到冬季或冬季、早春开花的品种。

开花清秀的落叶类型

卷须组铁线莲与大多数春季到秋季开花的铁线莲开花期错开半年时间。这一组铁线莲夏季会落叶，但会在大多数植物不开花的晚秋到冬季之间展露芳颜，很是别致。

扮彩冬季花园的白色花苞

在冬日暖阳之中，‘铃儿响叮当’的白色花苞显得格外可人，其稍带红色的枝条和带有光泽的绿色叶片也很迷人。

要点提示

盆栽、地栽皆宜

这一类型的铁线莲盛花期为10~11月，之后越冬过程中也会持续少量开花。夏季休眠落叶，初秋开始长叶。既可以盆栽，也可以地栽，但耐寒性差，长江以南的平原地区可以户外越冬。详细养护方法请参考Part 2的内容。

在设计时要预想到夏季落叶的情况

由于这一类型的铁线莲夏季会落叶只剩干枝，因此可以与其他植物搭配种植以不影响夏季的观赏效果。

如果与春季到秋季开花的铁线莲搭配在一起，可以打造出总是枝繁花盛的别样空间。这一组最适合与修剪时不需保留过多枝条的晚开大花组、意大利组、德克萨斯·尾叶组铁线莲搭配，且较易打理。

通年赏叶的常绿品种

在冬季和早春开花的铁线莲中，还有一些品种有着美丽的常绿叶片，相比其他的铁线莲别有一番风情。

替代绿篱

常绿铁线莲一年四季叶片都是绿的，所以可以当作绿篱来使用。在此基础上还有一段非常美的开花期。上图中爬在围栏上的是小木通。

也可盆栽

早春在攀爬藤本月季的木架前，装饰一盆开满花的小木通，让人不禁眼前一亮。如果打理得好，盆栽也可以开出很好的效果。

要点提示

常绿品种的独特用法

常绿铁线莲可以牵引在围栏上当作绿篱，或是作为绿屏起到遮挡作用，打造整体空间的绿色氛围，抑或当作花园的背景使用。总之这一组品种生长旺盛，可以长得郁郁葱葱，非常适合宽敞空间里的造景。

亦可盆栽

常绿铁线莲虽然会长得比较大，但如果是本书第26页起的图鉴中介绍的品种，用盆栽也照样可以养出非常好的观赏效果。但由于这组品种盆栽容易发生根系盘结，所以需要注意定期换盆及充分修剪（见Part 2）。

养护要点

这一组品种的耐寒性较差。安顺铁线莲在长江以南地区可以户外越冬，而小木通和柱果铁线莲需要在气候更温暖的地方才能户外越冬。

虽说是常绿类，但夏季会有部分叶片干灼掉落，需要参考Part 2的内容定期打理以维持良好的绿叶观赏状态。

卷须铁线莲

C. cirrhosa

开花期 10月至次年3月　花径 2～3cm

株高 2～3m　卷须组

花朵为白色吊钟形，花瓣具有宣纸般雅致质感。枝条充分伸展，开出很多吊钟状花。冬季叶色变为古铜色，很有特色。夏季落叶。在日本东北地区以西和以南的平原地带可以户外越冬。

铃儿响叮当

C. cirrhosa var. *purpurascens* 'Jingle Bells'

开花期 10月至次年3月　花径 3～4cm

株高 2～3m　卷须组

基本特性以卷须组铁线莲的特性为准，但花偏大，花朵初开时稍带绿色，之后逐渐变白。植株强健易栽培。

日枝

C. 'Hie'

开花期 10月至次年3月　花径 3～4cm

株高 2～3m　卷须组

这个品种的花偏大，花瓣内侧带有深红色斑点。也可以地栽，但如果种在从下方欣赏的吊篮等处，更能彰显魅力。

兰斯当宝石

C. cirrhosa var. *purpurascens* 'Lansdowne Gem'

开花期 10月至次年3月　花径 3～4cm

株高 2～3m　卷须组

基本特性以卷须组铁线莲的特性为准，但这个品种是同组中花色最红的。花形为清爽的细长吊钟形，营造出灵动之美。从秋季到冬季为花园增添优美的景致。

常绿类型

小木通

C. armandii

开花期 3～4月　花径 4～6cm

株高 5～8m　威灵仙组

常绿。整株带有芳香气味的小花，非常惊艳。叶片细长，带有光泽，很是特别。生长旺盛，如栽种在花园中需要留出比较大的空间，也可以用于盆栽。在日本关东地区以西的平原地带可以户外越冬。

苹果花

C. 'Apple Blossom'

开花期 3～4月　花径 4～6cm

株高 5～8m　威灵仙组

常绿。开花期全株开出粉色小花，香气萦绕，营造一派温柔景致。生长旺盛，如栽种在花园中需要留出比较大的空间。在日本关东地区以西的平原地带可以户外越冬。

品种繁多的铁线莲

铁线莲有非常多的种类。其中的长瓣组和唐古特组开出吊钟状花，清秀可爱，自带山野雅致的独特风情，让很多人忍不住想动手栽栽看。

这些品种的原生地大多为高原地区，耐寒性强但不耐暑热，可能在中国南方很难度夏。而且唐古特组如果盆栽的话坐花效果不好，地栽则需要一定的空间，所以不推荐新手尝试。如果是在北方比较冷凉的地区，可以尝试挑战一下。盆栽时的配土建议采用赤玉土：鹿沼土：轻石或珍珠岩=4：3：3等排水性较好的配方。

开出柔美的蓝色重瓣花，为长瓣组铁线莲。

开出艳黄色花朵的‘黄铃’，带有类似椰子的香气，为唐古特组铁线莲。

柱果铁线莲

C. uncinata

开花期4~5月　花径 3~4cm

株高 2~4m　华丽杂交组

常绿。整株开出略带芳香气味的白色小花。叶片细长，带有光泽且大小适中，非常适合各种搭配。如栽种在花园中需要留出比较大的空间，也可以用于盆栽。在日本关东地区以西的平原地带可以户外越冬。

安顺铁线莲

C. anshunensis

开花期 12月至次年1月　花径 3~4cm

株高 3~4m　安顺铁线莲

常绿。开出稍带绿色的吊钟形白色花。如果植株比较强健，每株可以开出上百朵花来。这个品种生长比较旺盛，需要预留比较大的空间。夏季可能会发生烧叶的情况。在日本东北地区以西和以南的平原地带可以户外越冬。室内养护时无须加温。

尾叶铁线莲

C. urophylla

开花期 12月至次年1月　花径 3~4cm

株高 3~4m　安顺铁线莲

基本特性以安顺铁线莲的特性为准。花朵较大，近于纯白色。叶片较窄，带有浅黄绿色。如果环境温度较低，花朵的肩部会稍带红色。

把各种铁线莲搭配起来

将不同品种的铁线莲搭配在一起，让景致的变化更丰富。

‘小奈尔’（意大利组）

‘维尼莎’（意大利组）

不同花形搭配不同大小的花朵创造出更多变化

清爽的紫色大花搭配稍小且带褶皱的白花，从花形、花色到花的大小都有所不同，谱出以白色为主旋律的优美乐章。

如果选不准品种，就先从白色花开始

不同品种的铁线莲花色、花形、大小千差万别，可以从它们的各自特点入手考虑具体的搭配。如果在颜色选择上比较犹豫的话，可以先选用一个白色花的品种。

也要考虑种类

同一种类搭配在一起打理方便，开花期也大致相同。相反，也有特意将开花期错开而选用不同种类的搭配方法。但要注意有时不同种类也会在同时期开花，所以可以尝试各种不同的搭配组合方式。

先用盆栽试效果

铁线莲不适合反复移栽，如果没有太大把握最好不要直接定植在地里，可以先在盆栽的状态下观察一下开花的搭配效果。定植的时候需要将植株间的距离控制在50～60cm。

‘幻紫’
（佛罗里达组）

‘佛罗里达’
（佛罗里达组）

‘绿玉’
（佛罗里达组）

以紫色为主旋律，白色为基调

这是一组以白色和浅黄绿色的花瓣搭配紫色系花蕊组成的雅致组合。‘幻紫’和‘绿玉’花量惊人，成功营造出了微妙的深远感。

‘珍妮’
（晚开大花组）

‘卡伊舞’
（德克萨斯·尾叶组）

花形与花色的巧妙组合演绎出丰富表情

将蓝紫色的平开花与偏小的吊钟形白色花搭配起来，无论颜色还是花形的对比都别有一番风味。

花朵大小与花色的搭配

雅致的白色大花与花瓣带波纹褶皱的粉色小花，从花形和花朵大小上都形成鲜明的对比。‘晴山’的红色花蕊起到了很好的协调作用，这种搭配是不同种类的铁线莲同期开花的很好实例。

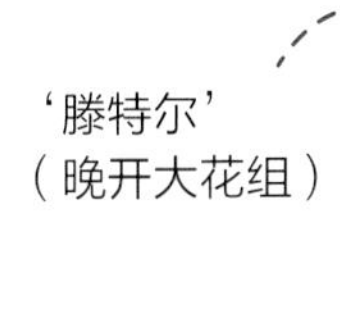

‘滕特尔’
（晚开大花组）

‘晴山’
（早开大花组）

与玫瑰搭配

玫瑰与铁线莲是最佳搭档，既相互补充又把彼此衬托得更加娇美动人。

花形与花色的互补关系

相对于普通铁线莲的平开花形来说，玫瑰的花形大多立体且更富量感，而且玫瑰大多偏暖色，为铁线莲提供了很好的补充。可以说玫瑰和铁线莲是很好的互补关系，组合起来可以实现变化更加丰富的一方景色。

适合搭配玫瑰的铁线莲品种

这种搭配中最好选用修剪时把枝条剪得较短也不影响开花的晚开大花组、意大利组、德克萨斯·尾叶组、全缘组。

定植与养护要点

玫瑰与铁线莲的植株之间要拉开50~60cm的距离定植。搭配的玫瑰既可以是直立型的，也可以是藤本的。无论哪种类型，都要在铁线莲的枝条伸展开后搭在玫瑰的枝条上，不要让铁线莲的枝条只集中在一处。

关于施肥和病虫害的防治，铁线莲与玫瑰采用同样的方法同时进行即可。关于修剪方法，在休眠期修剪玫瑰时将铁线莲回剪至离地30cm的高度。花后的修剪方法见第52页。

建议不要轻易移栽铁线莲，可将盆栽铁线莲苗放在玫瑰旁边观察效果后再动手定植。

藤本月季‘皮埃尔·欧格夫人’

铁线莲‘茱莉亚夫人’

铁线莲‘查尔斯王子’

在水粉效果的搭配中加入红色元素

浅粉色的玫瑰搭配浅蓝色的铁线莲，营造出一派水粉画风格，其间开出的红色铁线莲，让画风一转，为景致增色不少。

蓝紫色铁线莲搭配粉色玫瑰

铁线莲的蓝紫色是玫瑰中没有的颜色，与立体花形的玫瑰组合堪称绝配。虽然都是非常普通的简约品种，却能最大限度地展现出彼此的美感。

花形与花色的对比让人不禁流连

大而圆滚滚的黄色玫瑰，搭配纤细的小吊钟形紫色铁线莲，彼此穿插，让人百看不厌。

错开开花期的搭配方式也别有韵味

如果将开花期不同的品种搭配起来，铁线莲在玫瑰叶的背景下开放，比单独一株更有气势。而且错开开花期的话，同一地点的观花时间会延长很多，也是值得期待的搭配方式。左图中的铁线莲品种为‘紫罗兰之星’。

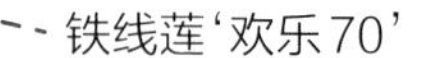

铁线莲‘欢乐70’

藤本月季‘多萝西· 帕金斯’

少量效果

有时不需要整面开花，只是像图片中这样少量搭配起来，也会给人以自然的亲近感。让铁线莲攀爬在木藤架上的玫瑰枝条上。

铁线莲‘玫瑰之星’

玫瑰‘国王玫瑰’

同色系不同的花形搭配出变化来

将红色与粉色的同色系品种搭配在一起，虽然颜色上差别不大，但开成一个个绒球的玫瑰与吊钟形的铁线莲倒也相映成趣，别有风情。

在玫瑰叶片的衬托下开出的铁线莲美花

玫瑰的叶片比铁线莲的叶片显得更加厚重，以玫瑰叶片为背景开出铁线莲‘查尔斯王子’，营造出不一样的风情。

别致的铁线莲叶片

铁线莲叶片的颜色、形状、质感千差万别。
在不开花的时候，各种绿叶也非常有观赏价值。

各种类不同的叶片

铁线莲叶片因种类的不同呈现出不同的形状、大小、质感。

叶片偏大的品种可以轻松打造绿墙，而偏小的叶片则楚楚动人，演绎出不同的风情。蒙大拿组可以观赏红叶效果。大叶组的叶片几乎与花朵有同样的观赏价值，只是叶片就非常耐看。

充分利用狭小空间

铁线莲可以纵向攀爬生长，所以尤其适合在立体空间应用。本书笔者将实践中的应用实例介绍给大家。实例中的阳台虽然是特别打造的，但其中的搭配创意可以给狭小空间提供很多启示。

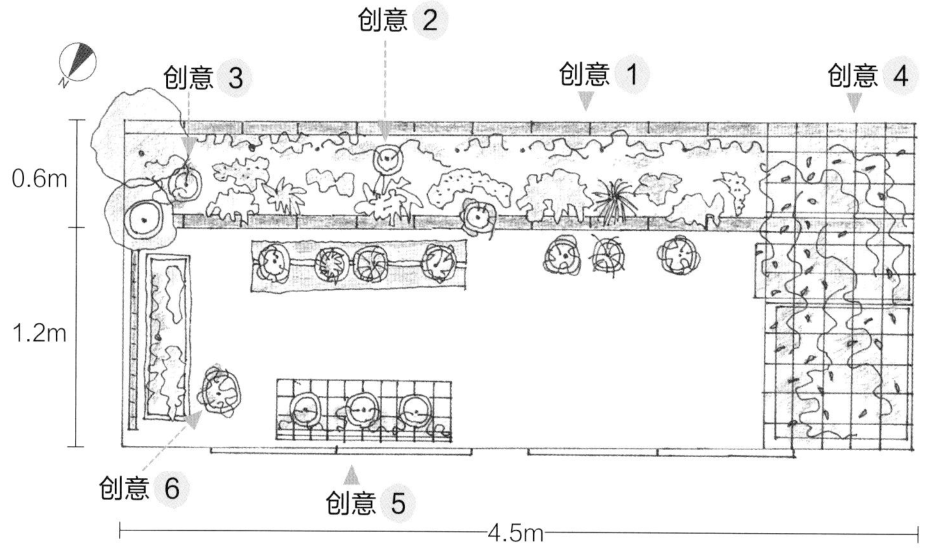

地点基本情况

这是一处公寓楼的一层阳台，比较特别的是这里设有土深约40cm的种植空间。外围栏朝向东南方，高约1.7m，上半部分设有磨砂玻璃，日照效果较好。

这是从阳台东侧向西侧看的效果，即使空间很狭窄也可以开出各种铁线莲美花。

在扶手上方的磨砂玻璃前设金属网格，在上面牵引铁线莲‘查尔斯王子’和‘如梦’。光线从植物后方照过来，别有风情。

创意 1

在阳台的扶手或围栏处

在阳台的扶手或围栏处稍有些空间的地方都可以立起一个小平面，把铁线莲牵引上去。铁线莲没有刺而且枝条柔软，即使种在人要擦肩而过的地方也非常合适。

如果没有合适的地方牵引，可以加上一层网格，这里就借用了加固混凝土用的焊接金属网，既可以起到简单的装饰作用，又可以让铁线莲攀爬其上。可以到建材或家居市场找找类似的可借用材料。

创意 2

让盆栽的铁线莲攀爬在围栏上

如果用花盆栽种铁线莲，除了在花盆中插上花架把铁线莲枝条牵引到花架上外，还可以参考这里的做法：让枝条伸出花盆，直接牵引在围栏上，打造出更具动感的效果。

即使在花园里，如果地方较小或土质不好、阳光不够充足，也可以采用盆栽铁线莲的方法，在旁边搭设可牵引枝条的花架就能打造出曼妙的空间效果。

在牵引了‘紫子丸’的网格旁放上盆栽的‘纪之川’（浅紫色边白花），将枝条牵引在一起，正是这种搭配方式的很好诠释。这种情况下要注意选择不是很抢眼的花盆。

图中是把铁线莲‘彗星2号’搭在天仙果（*Ficus erecta*）枝条上的效果。实际上，这里只是把盆栽铁线莲摆在了树的旁边而已。

麻叶绣线菊垂下来的枝条与铁线莲‘薄荷’的枝条自然缠绕在一起。实际上，这里的麻叶绣线菊和铁线莲都是栽在花盆中的，只要稍加用心就可以打造出别样风情。

创意 3

牵引在树上

也许你会觉得在这么小的地方种树有些不可思议，但实际上，在入口处的两侧种上这么一棵标志树也是很常规的设计方法。而让铁线莲的枝条缠绕其上则又是另一番清新景致。

如果没有足够的种植空间，也可以把盆栽铁线莲放在树旁，然后把铁线莲的枝条搭在树上。只需为铁线莲找到一个可以保证半日光照的环境即可。

创意 4

巧妙利用头顶空间

巧妙利用头顶空间也不失为一种有效利用狭窄空间的好办法。可以利用藤架、墙面等让铁线莲在高处攀爬，营造出空间的深远效果，而且在夏季还可以起到遮阴的作用。

这一处造景使用的是定制的藤架，除此以外也可以在市场上寻找各种类型的搭配帮手。

在阳台的一端摆放定制的藤架，将‘米卡拉’等多个品种的铁线莲搭在上面，夏日打造出绿色门洞的怡人效果。

◀ 创意 5

使用独立的花架

图片中为自带花台可以单独设置的花格，借助类似的饰架可以为铁线莲打造出立体的墙面，呈现更好的观赏效果。只需要一小块摆放空间就可以美起来了。如果把这个花架摆放在窗前，可以起到遮阴的作用，放在入口处又能轻松营造出欢迎花墙的效果，可以说是一扇能够移动的花墙，随时变化出不同的用法。

这种独立花架可以随意移动到喜欢的地方，非常方便，即使场所狭窄也完全无压力。攀爬在上面的铁线莲品种是‘卡罗琳’（浅粉色）、‘佩兰的骄傲’（紫色）、‘小男孩’（蓝紫色）。

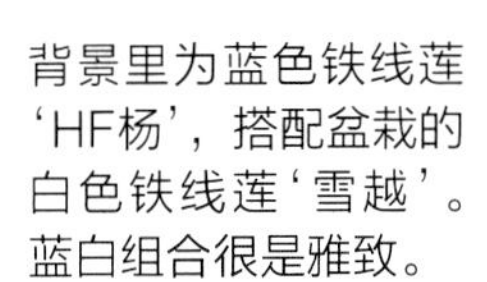

背景里为蓝色铁线莲‘HF杨’，搭配盆栽的白色铁线莲‘雪越’。蓝白组合很是雅致。

创意 6 ▶

移动盆花打造不同的风景变化

一些不能地栽植物的地方是盆栽植物大显身手的地方。特别是铁线莲这种很有存在感的植物，放上一盆就瞬间为空间增添活力。

如果兼顾与背景的搭配效果，时不时变换摆放地点，还会带来很多意想不到的惊喜。

在花格上攀爬的柱果铁线莲开花期已过，这时在它前面摆上开花正盛的铁线莲盆花‘爱洲城’，颇有“你方唱罢我登场”的惊艳之美。而柱果铁线莲是常绿品种，又可以同时充当绿壁背景，很是相得益彰。

Part 2

栽种铁线莲

其实铁线莲的打理并没有想象的那么困难，
这里将介绍一种边观察、边养护的方法，
希望你能在与铁线莲的“交流”和“互动”中逐渐熟悉它们，并享受这样的过程。
一起来开启有铁线莲相伴的美好生活吧。

* 这里主要集中介绍春季到秋季开花的铁线莲的养护方法，其他类型铁线莲的养护方法将在提到的时候分别说明。

这里介绍的整体栽培时间表以日本关东地区以西的平原地带为准。

铁线莲的一年

为了让铁线莲开出更多美花，我们需要做一些处理。先来介绍一下这些养护处理的时机和简要内容。

春季到秋季开花的铁线莲品种

定植 ……> 第44页

翻盆 ……> 第60页

（需要换大一些的花盆时）

枝条牵引 ……> 第50页

枝条伸展后为了避免相互缠绕需要随时进行牵引让植株均衡开花。

早春修剪与牵引 ……> 第54页

剪掉没有发出花芽的枯枝。

翻盆 ……> 第60页

（需要换大一些的花盆时）

晚秋到冬季开花、冬季开花、早春开花的铁线莲品种

卷须组

开花期（零散开花）			生长期			休眠期		生长期	开花期			
1	2	3	4	5	6	7	8	9	10	11	12	（月）

定植/换盆（避免在开花期进行）（3～6月；9～11月）

修剪（花后马上进行）（4～6月）

配合花后时间

盆栽追肥

地栽追肥

除休眠期外，每两个月一次

花后修剪 ……> 第 52 页

花后修剪有助于再次开花。

定植 ……> 第 44 页

秋季或新芽萌动后直至进入梅雨季节之前都是适合定植的时期。

翻盆 ……> 第 60 页

对于盆栽铁线莲而言，为了防止根系盘结，需要每 1～ 2年翻一次盆，如果需要增大花盆则在这个时期或春季进行较为适宜。

开花期（因品种不同，通常开花 1 ～ 3 次）				生长期	休眠期	
7	8	9	10	11	12	（月）

追肥 ……> 第 62 页

为了让植株茁壮生长，需要定期追肥。

给水 ……> 第 62 页

无论盆栽还是地栽都需要保证给水。

冬肥 ……> 第 62 页

为了保证春季的生长需要而在冬季施足有机肥。

安顺铁线莲

开花期	生长期											
1	2	3	4	5	6	7	8	9	10	11	12	（月）

定植/换盆

修剪

配合花后时间　除夏季外，每两个月一次

定植/换盆

盆栽追肥　配合开花前的时间

地栽追肥

威灵仙组、常绿组、柱果铁线莲

生长期		开花期		生长期								
1	2	3	4	5	6	7	8	9	10	11	12	（月）

定植/换盆（避免在开花期进行）

修剪（花后）

配合开花前的时间　配合花后时间

定植/换盆

盆栽追肥　除夏季外，每两个月一次

地栽追肥

Step1 选购花苗

选购好的花苗·植株

如果你想栽种铁线莲，那就从选购花苗开始吧。下面介绍适宜购买花苗的地点、时期和挑选方法。

购买花苗的地点和时期

在日本，可以在园艺店、家居卖场、专业苗圃买到铁线莲花苗。

园艺店和家居卖场通常在2～5月销售。夏季来临后销售得较少，到9～11月又开始多见了。而在专业苗圃几乎全年都可以买到很多种类的花苗。虽然看到实际的苗再下手买是最好的，但如果在一些专业的网店购买也很方便。

建议首先考虑二、三年生苗

对于铁线莲的花苗来说，通常称扦插后一年之内的为一年生苗，一年生苗再培育1～2年后称二年生苗和三年生苗，另外还有开花株。

建议选择栽种在不小于4.5号花盆（直径13.5cm）中的二、三年生苗。由于这样的苗已经培育得比较成熟，无论在花园里定植还是栽到大花盆中都比较好养，所以即使是新手也无须太过担心，花季来临就可以马上开出美花了。

一年生苗通常比较便宜，但苗的状态还不够强壮，最好先换到大一圈的花盆中培育一年左右再定植。

如果是开花株，可以根据开花效果来选择植株，虽然可以买来就马上赏花，但价格偏高，且可选的品种偏少。

花苗信息
图片中前排的是栽在直径7.5cm的花盆中的一年生苗。后排左边的是使用4.5号花盆的二年生苗，后排右边的是使用5号花盆（直径15cm）的三年生苗。二、三年生苗已经培育得比较成熟了，对于新手来说比较好打理。

开花株 优点在于选购时就能看到实际开花的样子。

选出好苗的要点

在实际挑选花苗的时候，可以将同品种的苗做对比，参考右边的图片来确认苗的状态。如果是已经落叶的休眠苗，除了这些要点外，还要注意选择节间有较饱满芽的苗。芽是苗的生命力的象征，越是饱满的芽开花的可能性越大。

对于市场上销售的开花株，有的时候会有下部叶片发黄的情况，这个通常是由于光照不足造成的，不会影响植株整体的生长。买回来后如果觉得不好看，可以把下面发黄的叶片剪掉。

注意这里！

①枝条较粗壮。

②节间（叶柄根部的间距）较紧凑。

③休眠中的植株的节处有饱满的芽。

开花期植株下部的叶片有发黄现象，不用担心。

带回来的花苗怎么打理？

如果是适合定植的3~5月或9~11月，可以带回来后直接栽种。如果不是适合定植的季节，则应放在通风且至少有半天日照的地方，保持原盆养护至适宜的季节。

晚秋到冬季开花、冬季开花、早春开花的铁线莲品种的选购

这些品种在专业苗圃里基本全年都可以找到。如果是在园艺店等地方，从晚秋到冬季开花的卷须组铁线莲、冬季开花的安顺铁线莲会在9~12月销售，早春开花的威灵仙组和常绿组则在3月左右销售。开花株通常在马上要进入开花期的时候开始销售。

花苗的挑选方法与春季到秋季开花的铁线莲品种的要点基本相同。

Step2 定植

定植要点

把心仪的花苗带回家就可以动手定植了。无论是地栽还是盆栽，下面有些需要注意的要点，非常实用。

适宜的时期为 9 ~ 11 月及 3 ~ 5 月，最好是秋季

最适宜定植的时期为秋季和春季，即 9~ 11月和 3~ 5月。若 9月的气温偏高，只要不超过30℃就可以放心定植。

其中最推荐的季节是秋季。定植后可以有一整个冬季的时间休养生息、舒展根系，并能够很好地适应环境，在体力充沛的状态下迎来梅雨和盛夏季节，这样更容易预防病虫害的侵袭。

避免在开花的状态下定植

即使是在适宜定植的时期，也需要避免在植株开花的状态下定植。因为一旦伤根就会导致落花，影响观赏效果。所以一定要等到花谢后完成花后修剪（见第52页）再进行定植。

要点！

将1~2节枝条埋入土中

定植铁线莲的要点是，将苗深埋，使下面的1~2节枝条埋入土中。这样可以从埋入土中的节处分出多个芽，有效增加枝条数量，尽快增加植株体量，而且也可以起到预防立枯病的作用（见第69页）。

虽然节很难发现，但仔细找一找这里可以看到叶柄脱落的痕迹，即为节的位置。

适当打散土坨

如果根系受伤会影响生长，所以操作时尽量避免碰断根系，轻轻打散土坨后定植。

1 捏住土坨的底部，松动根系，弄掉土坨表层的土，注意尽量不要伤根。

2 在土坨上部基本没有根系，可以多弄掉一些土。

3 图片中为理想的处理过的土坨状态，可以进行下一步的栽种了。

一定要加入底肥

定植时加入的底肥对于铁线莲的生长来说是非常重要的养分，所以一定不要忘记施底肥。建议选用可以缓慢起效的固体肥料，最好是磷含量偏高的类型。如果找不到有机肥料，也可以选用缓释化肥，用量请参考肥料包装上的说明。

晚秋到冬季开花、冬季开花、早春开花的铁线莲品种的定植

这些类型的铁线莲与春季到秋季开花的铁线莲虽然生长周期不同，但适宜的环境和定植方法基本相同。关于具体的定植时期，请参考下表。

类型	品种	定植时期
晚秋到冬季开花		
	卷须组	花后的3～5月、9～11月（避开正在开花的时候）
冬季开花		
	安顺铁线莲	花后的3～5月、9～11月
早春开花		
	威灵仙组 常绿组 柱果铁线莲	花后的3～5月（避开正在开花的时候）、9～11月

Step2 定植 ②

地栽要点　适宜时期：9~11月、3~5月

如果在花园里地栽，不用过多费心浇水和照顾，就可以轻松养成很大株。但要注意铁线莲不喜移栽，所以选址需要慎重一些。

慎重选择定植地点

铁线莲定植在花园后再移栽可能会停止生长甚至枯萎，所以定植前需要慎重考虑定植地点是否适合生长，花色和株形与周围环境是否搭配。还要想到植株可能会长成很大一株，并做好相应的准备。

选择至少可以保证半天日照的地方

虽然铁线莲是喜光植物，但一天只要有4~5小时的日照时间便可以正常生长。如果夏季过热，特别是南方地区，若每天能有几小时处在较明亮的遮阴处即可健康生长。要注意如果夏季全天暴晒，有可能晒伤叶片。

注意通风和排水

定植时，需要选择通风较好的地方，但如果是风过大的地方，冬季总是吹到北风的话就不太适合了。

最好选择排水性好并兼具保水性的土质柔软的地方。尽量避免选择容易变干的沙质土壤或排水性不好的黏性土壤。

营造根部不易受到直晒的环境

在一些比较炎热的地区，地表温度上升会影响根部的环境而造成植株变弱，所以最好在旁边种些搭配植物以免太阳直晒根部。但要注意保证叶片的充足日照。

小建议！

可以先用盆花试一试

可以把盆栽的花苗先放在想要落地的地方，确认与周围环境是否协调。也可以把盆花摆在要定植的位置，牵引枝条，等开花后观察这里是否合适。或者维持盆栽的状态在各处试试，等到适合定植时再实际落地。

备品清单

a 准备定植的花苗　b 腐熟堆肥　c 饼肥　d 骨粉
e 腐叶土　f 缓释性肥料（块状有机肥料等）

1 挖直径和深度都为40～50cm的苗坑。

2 加入饼肥、骨粉各两把和两锹腐熟堆肥。

3 用铁锹充分拌匀。

4 在肥料表面撒一些挖出来的土以免定植时根系直接接触肥料。

5 在剩余挖出来的土中加入二三成腐叶土并按照用量加入缓释性肥料。

6 用铁锹充分拌匀。如果土质排水性不好，最好再加入三成左右的鹿沼土。

7 在苗坑底部加入部分6中拌好的土，将土面调节至加入苗后可以埋入1～2节枝条的高度。

8 从花盆中脱出花苗。轻压花盆壁，以便取出土坨。

9 从花盆中取出花苗后按照第45页的介绍适当打散土坨。

10 将花苗放入苗坑中央，加入6中拌好的土。将枝条搭在花格的下方。

11 种下后用土在植株周围做成水坑。

12 在水坑中加足水即完成定植。

Step2 定植 ③

盆栽要点　适宜时期：9～11月、3～5月

盆栽虽然需要浇水打理，但不用过多担心地点问题，比较轻松随意。而且在地栽前也可以先用盆栽做尝试。

准备大一两圈的高花盆

由于铁线莲需要深埋（见第44页），所以需要准备高一些的花盆。盆栽使用的花盆最好比花苗自身的花盆大一两圈。如果花苗自身是4.5号盆，可以选用7～8号盆（直径21～24cm）。花盆的材质没有特别要求，可以是塑料花盆，也可以是红陶花盆。

可以使用市面上常见的草花配土

铁线莲与常见的植物相同，也是喜排水性和保水性好的土壤，所以可以直接使用市面上常见的草花配土。有的地方会提供铁线莲专用土壤，也可以选用。

预留出浇水高度

如果把盆土加到与盆边同高的位置，则浇水时水还没有渗到土里就流到外面了。所以需要预留出2～3cm的蓄水高度，让浇入的水留在花盆中一段时间以充分渗入土壤。

进阶！

自己调配盆土

如果不愿意直接使用买来的配土，也可以试试自己调配盆土，参考比例如下。

a 赤玉土（小～中粒）：b 鹿沼土（小～中粒）：c 腐叶土

= 4 : 3 : 3

备品清单

准备定植的花苗
大一两圈的高花盆、花格等
a 配土
b 盆底石
c 缓释性肥料（仅针对营养土中不含底肥的情况）
d 盆底网

小建议！

在配土的袋子里混合肥料

一些没有加入底肥的配土需要加入底肥后再使用。这种情况下可以利用配土本身的袋子，在里面充分拌入底肥后再使用。

1 在花盆底部放入盆底网，加入盆底石后再加入少量配有底肥的配土。

2 调整土面高度，使花苗放入花盆后可以埋入1～2节枝条，且最终的土面距离花盆边缘约3cm。

3 轻轻去除土坨上方的土和根部表面的土（见第45页）。

4 将花苗放入花盆中央。

5 摆放好花格，并在土坨与花盆之间的空间内加入配土。

6 敲打盆底，使配土落实。

7 将枝条在花架上呈 S 形牵引。

8 充分浇水直至盆底流出水来。

Step3 培育 1

枝条牵引　适宜时期：枝条伸展时均可进行

在生长期，枝条节节伸展，为避免彼此缠绕在一起，需要进行牵引。开始的时候可能会不得要领，在不断操作的过程中就会慢慢找到感觉了。

整理株形以平衡开花效果

通常铁线莲即使不牵引枝条也可以开一些花。但如果完全放任不管枝条可能会缠成一团，或是开花位置过于偏上。为了均衡整体的开花效果，需要进行适当的牵引。

即使开始的时候不顺手也完全不用担心

开始的时候可能一下子牵引不出来第51页中介绍的效果，那就先至少让枝条不要相互缠绕在一起，仅靠这个操作就可以有效地让开花分散开，而不是只集中在一处。在这样的过程中你会逐渐熟悉这些枝条，慢慢地就可以随心所欲地牵引它们了。

枝条伸展 3 ~ 5 节后开始牵引

枝条刚开始伸展时比较柔软且容易折断，长出 3~ 5节后就可以比较放心地操作了。这时如果枝条顶端可以看到花苞，可将其向斜上方或正上方牵引。对于顶端看不到花苞的枝条，则在平面花格上呈S形曲线牵引，或在立体花架上呈螺旋状牵引。

枝条伸展3 ~ 5节后看一下枝条顶端。

如果有花苞

↓

A 向斜上方或正上方牵引

如果没有发现花苞

↓

B 按照S形或螺旋状牵引

牵引示意

A型枝条向斜上方或正上方牵引，B型枝条呈S形或螺旋状牵引。实际上，有的时候会遇到只有B型枝条的情况。B型枝条有时已经变得较硬且和别的枝条缠在了一起，这时可以小心地拆开缠绕的整根枝条或拆下部分枝条，按照图中的效果来牵引。总之，牵引的时候尽量不要让枝条重叠在一起。

平面花格

尽量呈S形

B型枝条

A型枝条

往年的枝条

在前一年秋季和春季定植的植株或早春将枝条修剪得较短的植株（见第55页）。

B型枝条

向斜上方

A型枝条

往年的枝条

定植多年后的植株或早春修剪时将枝条留得比较长的植株（见第55页）。

立体花架

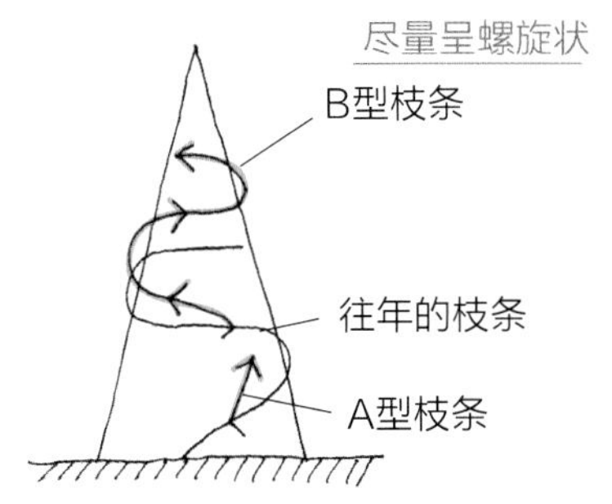

定植后经过若干年，前些年的枝条的长度会发生变化。

小建议！

如果不小心错过了牵引的时机

若不及时牵引的话，枝条会缠在一起并向前方倾倒，这时可以按照图片中红线的方向，用长绳把这些枝条聚拢在一起靠在花格上。

枝条的固定方法

把绑带先系在花格或花架上，再用8字形的方法固定枝条。图片中以固定老枝为例，新枝条固定也可以用同样的方法。

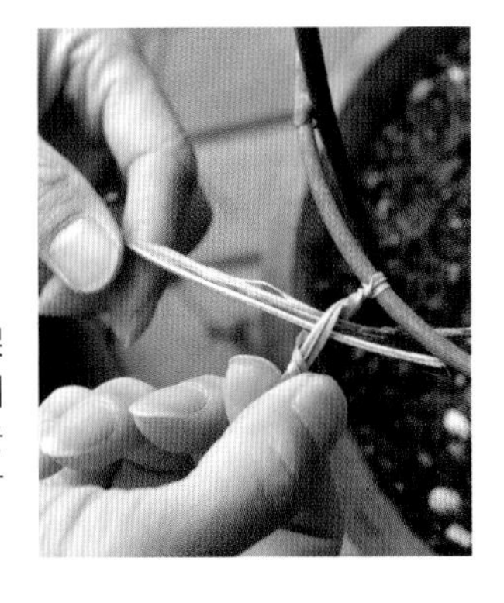

进阶！

为什么要根据是否有花苞来确定牵引方法？

一些生长了3～5节就有花苞的枝条，基本不会再生长得更长，所以只要固定在花架范围内即可。

而一些还没有花苞的枝条应该还会继续生长，之后在枝条的顶端出现花苞或不出现花苞。这些枝条的花和叶比较分散，所以将其按照S形或螺旋状来牵引。在平面花格上呈S形曲线牵引，在立体花架上呈螺旋状牵引。

Step3 培育 ②

花后修剪　适宜时期：每次开花结束后

请务必在每次开花结束后进行修剪。除了部分一年只开一次花的品种，其他品种都会在修剪后再次开花。

通过修剪来促进再次开花

铁线莲在新枝条伸展到一定程度后，会在枝条的顶端或节间坐花。为了促使萌发更多新枝，需要进行花后修剪。

花后修剪也可以起到避免种子摄取过多营养而导致植株整体变弱的作用。特别是植株较小的时候应尽量在结种之前剪掉残花。

即使不了解具体的开花类型也可以轻松修剪

通常认为铁线莲因开花类型不同而有不同的修剪方法。对于新手来说，可能会因为不了解铁线莲的品种类型而不知该如何修剪。其实不用过于担心，用下面介绍的方法即可放心修剪。

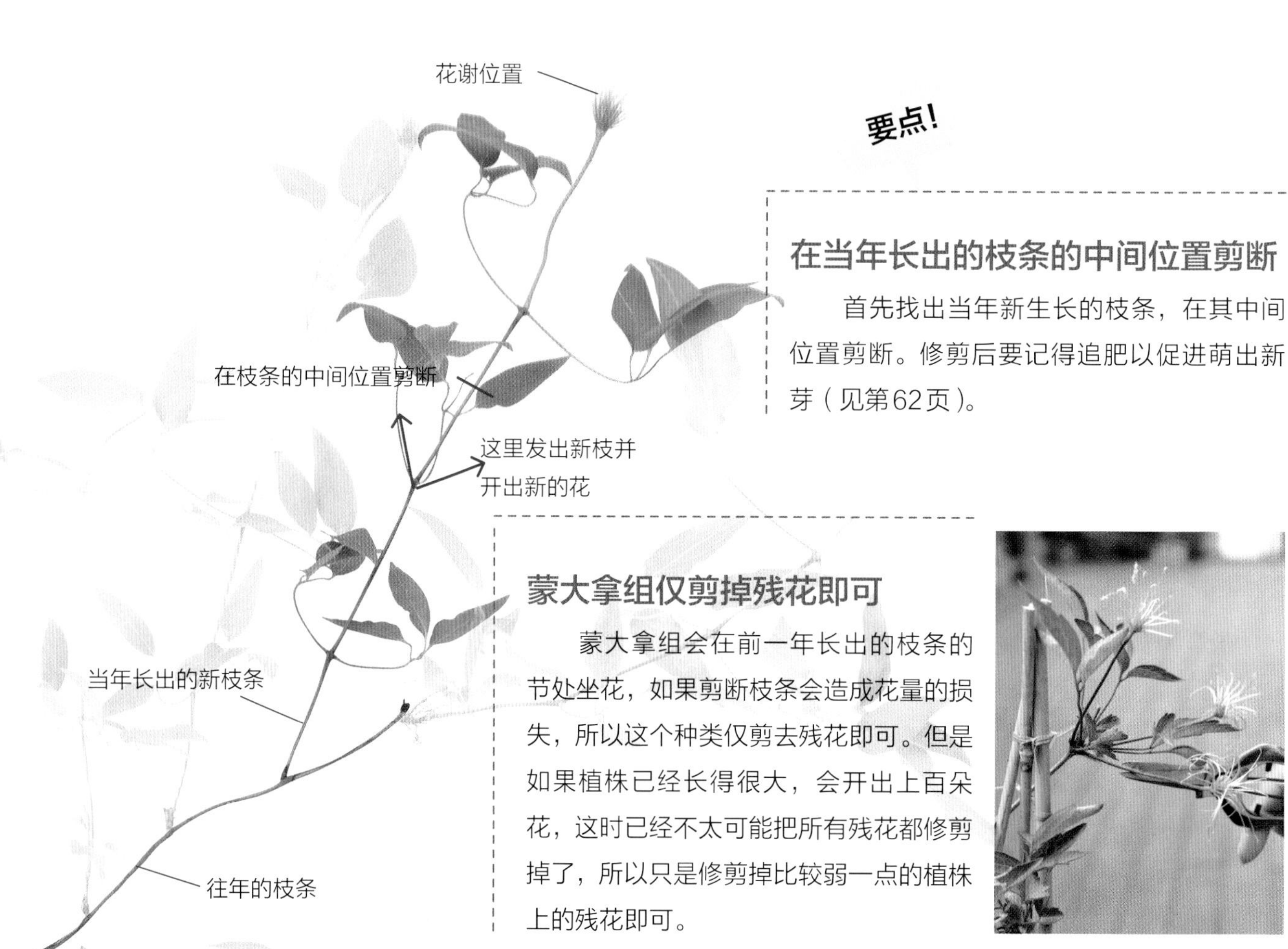

要点!

在当年长出的枝条的中间位置剪断

首先找出当年新生长的枝条，在其中间位置剪断。修剪后要记得追肥以促进萌出新芽（见第62页）。

蒙大拿组仅剪掉残花即可

蒙大拿组会在前一年长出的枝条的节处坐花，如果剪断枝条会造成花量的损失，所以这个种类仅剪去残花即可。但是如果植株已经长得很大，会开出上百朵花，这时已经不太可能把所有残花都修剪掉了，所以只是修剪掉比较弱一点的植株上的残花即可。

花后修剪示例

虽然理论上应该剪掉一半当年的新枝，但每个品种的新枝长度差别较大，所以要剪掉的长度也有所不同。这里为了直观起见解开了牵引在花架上的枝条，如果你能找到当年新枝条的位置不解下枝条也可以。

枝条伸展不长即坐花的品种

进行花后修剪前的状态。

当年伸展的枝条大概从这里剪断，剪掉的比较少。

完成修剪。每株剩余的枝条会有所不同。

枝条伸展较长后才坐花的品种

进行花后修剪前的状态。

由于当年伸展得比较长，所以剪掉的一半枝条也较长。

完成修剪。这株剩下的枝条比较少。

要点!

铁线莲的枝条要从节与节的中间位置剪断

修剪铁线莲枝条时一定要从节与节的中间位置剪断。如果在节的附近剪断可能造成枝条枯萎而影响附近发出新芽。

Step3 培育 ③

早春修剪与牵引　适宜时期：2月中旬至3月上旬

春季到秋季开花的铁线莲会在冬季枯叶休眠。结束休眠开始萌动时的重要作业为早春修剪与牵引。

清理植株

铁线莲即使不进行修剪也可以正常开花。但如果不修剪，一些开不了花的枯枝会残留下来，影响观赏效果，所以为了保持植株整体美观要在早春时进行修剪。

无论什么开花方式都可以用同样的修剪方法

与花后修剪相同，虽然通常认为早春修剪也是因开花类型不同而有不同的修剪方法，但这里将介绍更简单的修剪方法，用这个方法也可以开出很多花来。

要点!

在可以确认芽的膨起状态的时期进行

春季即将到来之际（日本关东地区的平原地带为2月中旬至3月上旬），叶片根部的芽开始膨大萌动，最好在这个时期至出芽之前进行修剪。

在明显膨大的芽的上方剪断

从枝条的顶端往下看，可以发现明显膨大的芽。这个芽以下的枝条都是活的，修剪时从这个芽与其上方的节的中间位置剪断枝条即可。

早春修剪示例

即使用同样的标准来修剪，修剪后也会有剩余枝条长或剩余枝条少等不同情况，还有的品种基本不会有剩余的枝条。

1 植株修剪前的状态。

2 如果不容易找到芽，可以去除枯叶后从枝条顶端往下找，即可发现明显膨大的芽。

3 在膨大的芽和其上方的节的中间位置将枝条剪断。所有的枝条都做同样的处理。

4 所有枝条修剪完成的状态。只剩下很少的枝条，牵引这些枝条。

枝条剩余较长的品种

修剪前的状态。

→

完成修剪后的状态。即使按照同样的标准来修剪也会有剩下很长枝条的品种。

小建议！

如果无法判断芽是否膨大的话？

如果无法借助芽的膨大状况来决定从哪里剪断，可以从枝条的顶端开始一点一点剪开看一下。如果切口呈绿色说明枝条是活的，不要再继续往下剪了。

切口为绿色说明是活着的枝条。

切口变白说明这里的枝条已经枯萎了。

修剪后的牵引至关重要

在这个时期通过牵引把植株的脉络整理好，可以有效防止发出新枝时彼此缠在一起。如果放任枝条倒伏在地面会导致新枝无法攀爬在花架上。如果开始的时候将枝条牵引好，新的枝条长出后大部分都可以自然攀爬在花架上。

方便的小花夹

除了使用绑带固定外，也可以使用这种很方便的小花夹。

牵引在平面花格上

将枝条控制在花格下方 2/3 左右的位置

留出花格上方约1/3的空间给之后新长出的枝条。

将枝条牵引成S形的状态

将枝条横向放倒，从下方开始呈S形固定。也可以两三根枝条一起牵引。

留出10～15cm的间隔

节与节之间的枝条发生弯折也不用过多担心

4月中旬新枝条陆续长出后的效果。

牵引在立体花架上

1 把枝条均等分开，让花架上分配得比较均衡。

2 向同一方向牵引枝条并用绑带固定。

3 完成牵引（3月上旬）。

↓

5月中旬开花时的效果。

枝条较短的情况下的牵引

如果修剪后剩下的枝条较短，尽量固定在花架的下部即可。如果实在没有固定的意义，就放任自然，待新枝条长出后再进行牵引（见第50页）。

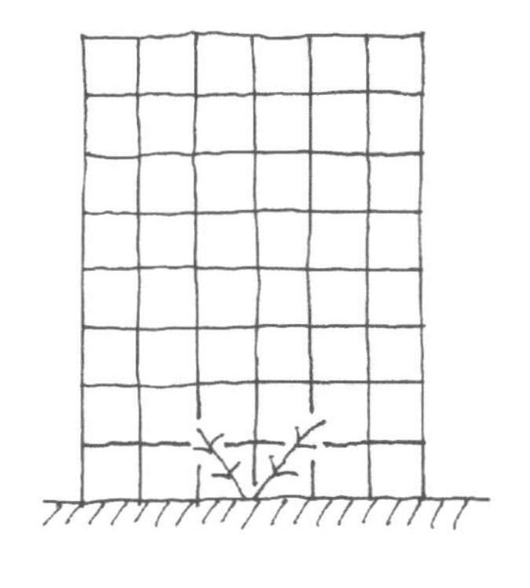

要点！

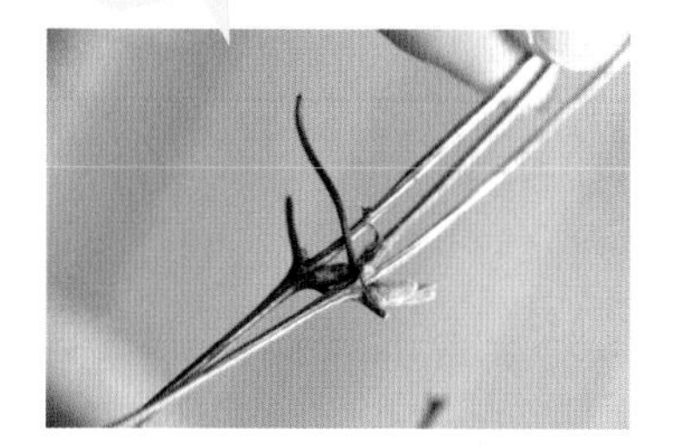

错开芽的方向

如果芽的方向重叠在一起或芽的生长方向上有枝条挡着的话可能会阻碍新芽的生长，所以在牵引时应尽量错开方向。

枝条弯折也无须担心

铁线莲枝条的外皮折损不会影响生长。如果不折弯枝条的中部而强行固定，反倒可能造成根部附近的枝条完全折断，所以建议牵引的时候适当弯折枝条节与节之间的部分。

关于晚秋到冬季开花、冬季开花、早春开花的铁线莲品种的修剪

这些品种由于生长周期与春季到秋季开花的品种不同，所以修剪的时期和方法也有所不同。需要重视花后修剪，且如果有明显的枯叶和枯枝的话需要去除。

不要错过修剪时机

每个种类的修剪时机稍有不同(请参考右表)。需要注意无论哪个种类，如果修剪晚了新枝条就会长出得比较晚，造成枝条来不及长得足够强壮而影响第二年的开花效果。

修剪时机

卷须组	花后（4～5月）进行
安顺铁线莲	花后（3～5月）进行
威灵仙组 常绿组 柱果铁线莲	花后4月起，最晚要赶在梅雨季节来临之前

盆栽的情况 花后剪掉坐花的部分

卷须组、威灵仙组、常绿组、安顺铁线莲、柱果铁线莲

如果种植在花盆中，作为花后修剪的环节，花谢以后需要将开过花的部分剪掉，否则可能导致新枝萌发困难而影响开花，并且会使开花位置越来越高，植株下部的枯萎不断向上蔓延。特别是威灵仙组和常绿组一定要用这样的方法修剪。

1 花后植株（柱果铁线莲）。

2 去除已经干枯的叶子。

3 剪掉开过花的枝条，从节与节的中间位置剪断。

地栽的情况 如果生长过于繁茂应进行适当修剪梳理

卷须组、威灵仙组、安顺铁线莲、柱果铁线莲

如果你有足够的面积打造花墙的效果，花苗落地前几年可以基本不做大的修剪，任枝条爬满。如果觉得影响花谢后的观赏效果，可以在花后剪掉残花。

但两三年后下方的枯叶可能会向上方扩展，而且枝条彼此缠绕在一起影响通风和光照。如果放任不管可能会因湿气过重而发霉，导致开花受到影响。因此最好花后把生长过于浓密的地方的枝条剪短，做“镂空修剪”。这时如果优先修剪掉已经开过花的枝条有助于促进萌生新枝。

一些强壮的植株长势旺盛，在培育到一定规模后需要每年做这样的修剪。

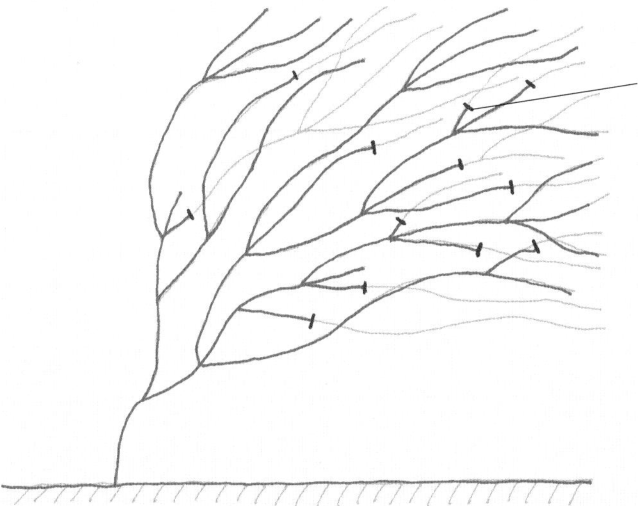

不改变植株的整体高度，只是将交错处的枝条剪短，修剪到视线可以透过的程度。剪断的位置为节与节的中间点。

4 将枯黄的枝条回剪到保留健康叶片的长度。

5 用绑带等固定剩下的枝条。

6 完成修剪。植株还会重新茂盛起来，并在来年春天开满美花。

翻盆 适宜时期：换大一些花盆的情况为9～11月、3～5月
不增大花盆的情况为2月中旬至3月上旬（配合早春修剪同时进行）

盆栽如果长年放任不管，盆中的根系可能会盘结，影响生长。所以应每1～2年翻盆一次，以恢复植株元气。

如果根系从花盆底孔钻出来就应该翻盆了

盆栽时，根系只能在花盆的有限空间里伸展。如果放任不管，花盆中全是根，根部无法充分吸收水分和养分，影响植株正常生长。如果发现从盆底孔钻出根来就说明盆中已经发生了根系盘结，需要更换新土，让根系重新舒展开。

不增大花盆的情况

我们当然不可能总是无限制地增大花盆，若因为空间的限制无法再换更大的花盆，可以在早春修剪（见第54页）之后用这个方法来翻盆。即使花盆不增大，通过更换新土也可以保持植株良好的生长状态。

配土使用定植花苗（见第48页）相同的土即可。如果重复使用原来的花盆，要将花盆清洗干净以防病害传染。

增大花盆的情况

适当松动土坨，把新的配土倒入大一两圈的花盆中。具体方法与花苗定植相同，请参考第48页有关“定植”的内容。与定植相同，这个工作最好也在秋季进行。

如果枝条伸展得比较长，需要仔细从支架上解下来，用带子束起来较易操作。

不增大花盆的情况

1 为了操作方便，先用绑带把枝条束起来。

2 轻敲花盆周围以便将土坨从花盆中脱出。

在寒冷地带易生长的蒙大拿铁线莲‘鲁宾斯’。

在寒冷地带种植铁线莲

下面介绍在寒冷地带种植铁线莲的要点。

＊ 适合寒冷地带种植的种类

蒙大拿组、长瓣组、唐古特组等一些不适合闷热气候的品种，在寒冷地带种植会长得非常茁壮。

＊ 不适合寒冷地带种植的种类

安顺铁线莲、小木通、常绿组等无法在寒冷地区户外越冬。秋季到春季开花的卷须组和‘幻紫’‘绿玉’等佛罗里达组中也有一些无法在寒冷地区户外越冬。

＊ 土表可能上冻的地区

对于积雪较少、土表冻结的地区，可以将腐叶土或米糠等介质覆盖在铁线莲的根部周围作为越冬保护。

＊ 冬季积雪的地区

最好在下雪之前上好冬肥。对于早春时节还有积雪的地区，由于雪有保温作用，可以在盆栽铁线莲的根部周围覆盖一些腐叶土等做保护后埋入雪中。

3 用花铲的铲背轻轻敲打土坨打掉盆土，注意不要伤到根系。

4 如果盆土不易敲打掉的话，可以浸泡在水中洗掉盆土。

5 用第48页中的方法定植。

6 翻盆完成后充分浇水直至花盆底孔流出水来。将枝条牵引到花格或花架等处。

Step3 培育 ⑤

日常养护

对于铁线莲种植来说，给水和追肥等日常养护工作非常重要。下面按照地栽和盆栽分别介绍常规的日常养护方法。

地栽

给水

有人在地栽的时候也按照盆栽的频率浇水，实际上地栽基本不用频繁浇水，只有连日不下雨，土壤极度干燥的情况下才需要给水。

施肥

地栽时，为了促进植株茁壮生长，需要配合生长阶段进行追肥。特别是冬肥尤其重要，所以至少要保证这次施肥。

催芽肥　施用萌芽时期（3～4月）的催芽肥时，可将含磷比例较高的缓释肥（建议为有机质类型的块状肥料）撒在根部周围，并与土壤混合。

花后修剪时的追肥　对于反复开花的品种，应在花后修剪时施用与催芽肥一样的肥料，以促进复花。

休眠时期的冬肥　在12月至次年2月间施一次冬肥，这是关系春季之后生长的重要肥料。

施冬肥的方法

备品清单
a 腐熟堆肥　b 骨粉　c 饼肥

1 在距离根部约20cm处挖出深度约5cm的一圈沟。

2 将腐熟堆肥填满沟。

3 撒3～4把饼肥后，再撒3～4把骨粉。

4 将挖出的土盖回去。

如果周围有植物导致无法挖沟，则按照每株铁线莲 2～ 3花铲腐熟堆肥、骨粉和饼肥各 3～ 4把的量混合后撒在植株周围的空处并与土壤拌匀。

盆栽

放置地点

最好放在至少保证半日光照且通风良好的地方。

如果盆土温度上升植株会变弱，可以采用在旁边放其他花盆来遮阳等方法避免阳光直射铁线莲盆栽。将花盆整体放入大两圈的花盆中的套盆方法也非常有效。在阳台等处为了防止水泥地返热，最好将花盆摆放在离地面一定高度的地方。

给水

盆栽铁线莲需要给水，但也要适度。需要观察盆土的状态，当土表发白变干时即需要给水，浇水至花盆底孔流出水的状态。

春季至秋季　铁线莲开花前需要更多的水分。另外，夏季容易过干，需要及时给水，但要避开温度高的白天，选在清晨或傍晚进行。

冬季　一些地上部分完全干枯的品种的植株依然是活着的，需要仔细观察，每隔 7~10天盆土发白变干后，选温暖的白天浇水至花盆底孔流出水来。

施肥

由于盆栽状态下土的总量有限，所以仅可维持有限的肥量，为了促进顺利生长，可以配合生长状态进行追肥。

生长期追肥　在开始萌芽后的3～10月，除夏季（7～8月）外，应每隔两个月追一次肥，最好使用含磷比例较高的缓释肥料。对于多次开花的品种，在花后修剪时施肥非常有效，可以按照这个时间调整追肥的时机。

休眠期冬肥　12月至次年2月，需要施饼肥和骨粉混合的冬肥。施肥后有效成分会在土中缓慢分解，为春季的茁壮成长提供最好的营养。如果在早春翻盆时加过底肥就不需要冬肥了。

盆栽时可施用的肥料

生长期的追肥建议使用含磷比例较高的缓释性肥料，最好是有机质块状肥料。

冬肥最好是将骨粉和油粕混合起来，或购买市面上销售的冬肥 。

追肥的施用方法

在根部撒肥料。如果是化肥则需要撒在稍远离根部的地方。

与盆土稍搅拌混合。

冬肥的施用方法

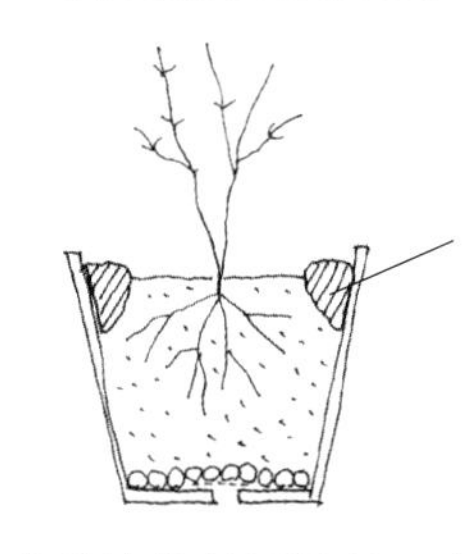

在花盆边缘挖两处坑，在每个坑里施入一把饼肥和骨粉等量混合的肥料。

枯叶及枯枝的修整（地栽和盆栽通用）

如果日照不足或环境过于闷热可能造成处于生长期的铁线莲出现枯叶或枯枝的情况。如果发现剪除即可。

在一些照不到阳光的地方可能会发生枯叶现象，出现这样的情况时剪掉枯叶即可。

Step4 繁育

扦插繁殖

适宜时期：5月至8月中旬
（春季到秋季开花的品种）

铁线莲可以自行扦插繁殖。如果已经有了一株，可以试试用这个方法再复制一株出来。

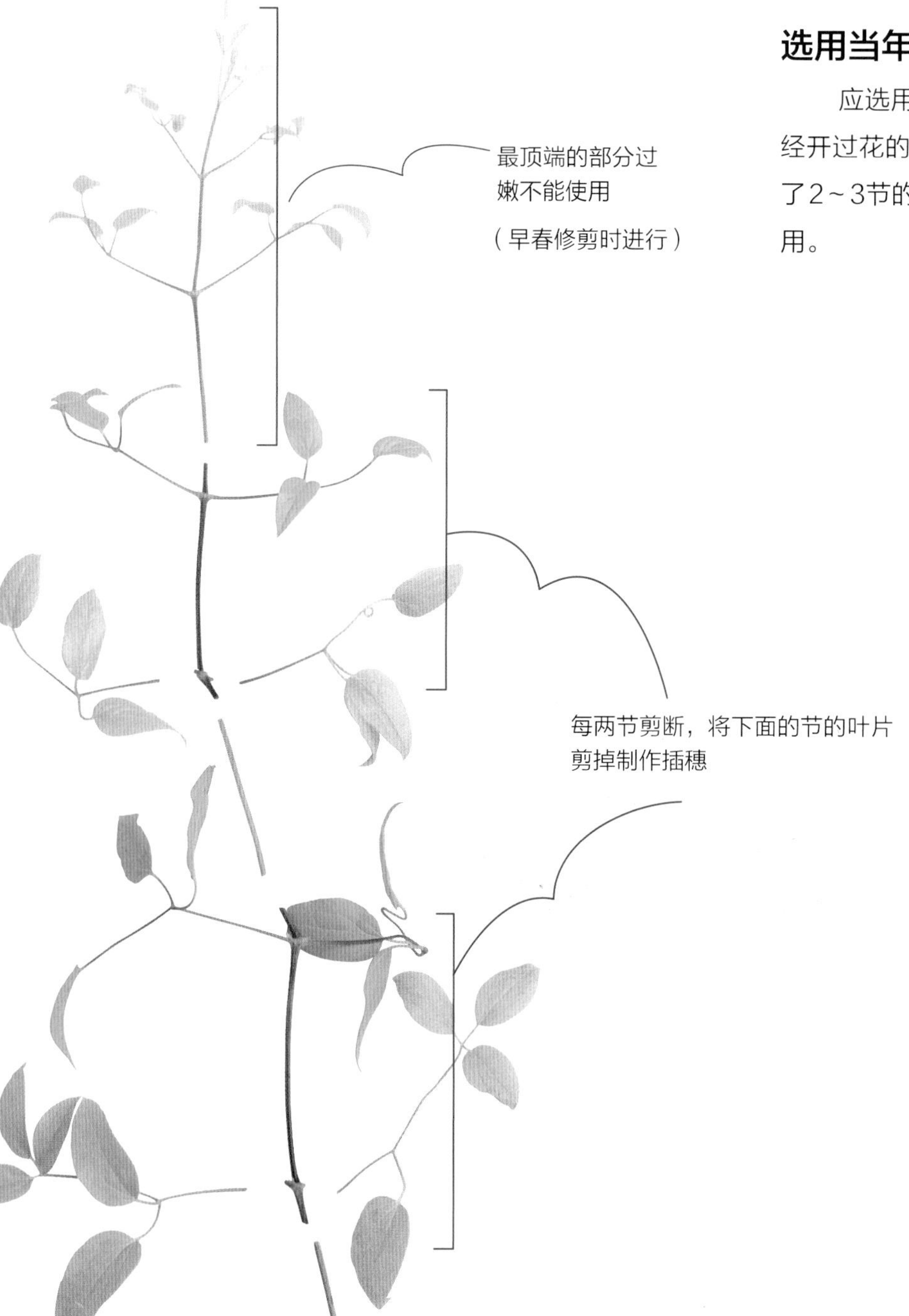

选用当年长出的新枝

应选用当年长出的强壮枝条作为插穗。已经开过花的枝条和已经有花苞的枝条、只长出了2～3节的过嫩枝条等都不容易成活，不要选用。

插穗准备

1 剪断枝条制作插穗。

2 在水中浸泡至少30分钟。

扦插

1 在塑料花盆底部放入塑料钵底网。

2 加入约1cm厚的鹿沼土后，再加入小粒珍珠岩至花盆八九成的高度。

3 在花盆下放托盘，充分浇水并放置5分钟左右使介质充分吸收水分。

4 在插穗的切口处蘸生根剂。

5 将插穗的下面一节插入介质。注意不要让花盆中插穗的叶片彼此碰到。

6 为了辨明介质的湿润程度，可在介质表面铺一层鹿沼土。

扦插后的养护

需要放在没有阳光直射且无风无雨的地方。每天喷水两三次，并在表面鹿沼土变干时充分给水。每周喷一次灰霉病杀菌剂以预防病害。养护3周后开始每天一次向叶片喷洒比正常用量稀释一倍的液肥。经过40～50天即可生根。

上盆

生根后可以上盆。上盆后应放在光照好的地方养护并适当追肥。一年后可以翻盆至4～5号花盆，过一两年开花。

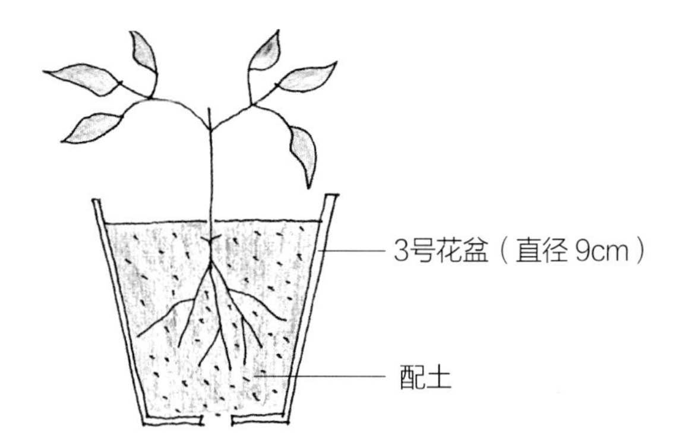

＊对于一些受保护的品种，禁止未经允许情况下用于商业目的或赠予目的的繁殖。如果进行繁殖，请只控制在个人兴趣范畴内。

铁线莲栽培常见问题

这里将常见问题汇集起来，希望对栽种铁线莲有所帮助。

枝条长得太快、太多，有些措手不及了怎么办？

用“镂空修剪”的方法减量

有很多铁线莲品种生长旺盛，如果完全放任不管可能会长得过于杂乱无章。这种情况下，无论何种品系，都可以采用第59页中介绍的“镂空修剪”的方法来应对。

可用这样的方法将整体枝条的量减少一半。将各处的枝条从节与节的中间位置剪断以减少枝条的量。如果枝条过于茂盛杂乱且放任不管的话，可能会因光照不足且不通风而影响生长，所以不要犹豫，大胆剪起来吧！

减量后定期进行修剪

减量后最好定期进行修剪。尤其是特别容易生长过于茂盛的卷须组、威灵仙组、安顺铁线莲、柱果铁线莲等，要在每年花后到梅雨季节来临前进行“镂空修剪”。

对于早开大花组、晚开大花组、意大利组、德克萨斯 · 尾叶组来说，开花后会进行花后修剪（见第52页），这时即可有效调整枝条的数量。

蒙大拿组铁线莲突然枯萎了

这个品系本身不耐热

蒙大拿组的原生地为冷凉的高原地区，不耐暑热，特别是在长江以南地区，大多4～5年后就枯萎消失了。

延长植株寿命可以做的努力

首先要尽量避免根部长时间受阳光直射并保持通风，以防地面温度上升。施肥量控制在正常肥量的一半，盛夏时节不要施肥。还要注意土壤不能过干或过湿。

如果植株生长过于茂盛，需要在花后到梅雨季节来临前将植株进行“镂空修剪”，剩余一半的枝条（参考前面的问题）。若植株生长所需的水分与根部的吸水能力不匹配的话可能造成枯萎，所以这种修剪也是一种预防措施。

即使这样也很难完全预防蒙大拿组的枯萎。如果你能接受其寿命周期为4～5年，那就比较轻松无压力了。一些2年以上的苗种下后会很快长成很大规模，开出很多花来，不断更新花苗也是不错的方式。

枝繁叶茂却不怎么开花

枝条过多造成营养跟不上

如果从土面长出多根强壮枝条，可能会发生枝条养分不足、难以开花的情况。特别是盆栽时更容易出现这种现象。

可以参考下面图片中所示的方法进行去除枝条的修剪，并注意追肥。对于四季开花的品种，之后长出的新枝条会有更多开花的可能性。这样的植株在之后的早春修剪时，如果从土面发出的枝条多于参考枝条数，可以直接修剪掉，按照同样的间隔进行疏枝修剪。

肥料及光照不足

如果枝条没有超过参考枝条数也不怎么开花，可能是由于枝条不够强壮造成的。如果排除土壤过干或过湿等极端恶劣环境的因素，那么最大的可能性就是肥料或光照不足了。

请先确认是否保证了充足的肥料和光照。铁线莲每天的光照时间不能少于4～5小时。如果不够，需要修剪周围的遮挡植物，或将花盆移到光照条件好的地方。

花盆的大小与保留枝条数

5～6号花盆	2～3根
7～8号花盆	4～5根
9～10号花盆	6～7根

1 满是繁茂的枝叶，但基本不开花。

2 先从一半高度左右的地方果断全部剪掉。

3 将枝条展开，仔细分辨根部位置，将较细、较弱的枝条依次从土面处剪掉。

4 如果发现枝条分叉，可剪去相对较细的分叉。

5 这样进行疏枝修剪后可以看出之前的枝条确实太多了。

6 最后立好支架，将枝条牵引上去。

实际开花效果与书上的图片不一样，是品种错了吗？

植株的强壮程度造成开花效果不同

铁线莲开花的颜色、大小和方式等会因植株的状态和开花时期不同而有所变化。特别是刚买回一年左右的植株尚弱，可能会发生花色偏浅或开花稍小的情况。一些重瓣品种还可能只开出半重瓣或单瓣的花来。需要定期施肥，把植株养壮。

如果从根部发出过多枝条，可能会造成营养供应不足，可以参考第67页的内容进行疏枝修剪并注意追肥。

第二茬花通常偏小且颜色偏浅

7月以后开放的第二茬花相比春天开的第一茬花来说，通常颜色偏浅且整体偏小一些。虽然注意花后修剪和施肥可以缩小差距，但不太可能完全相同。同时，第二茬花淡雅低调的风情又别有一番情趣，可以让人在各个季节里欣赏到不一样的景致。

此外，即使在同一株铁线莲上也有可能开出的花朵的花瓣数不一样，这是铁线莲的正常特性，无须担心。

图片中是‘美好回忆’的花色变化。第一茬花（上图）的粉色比较显眼。第二茬花（下图）的粉色较浅，偏白。

开花位置偏高，下部不太开花

老枝条不易发出新芽

如果植株的下部只剩枝条并逐渐向上干枯，表明这里的枝条可能变成了老枝。植株上部的枝条比较新，这里发出新芽后即可开花。而老枝不易发出新芽，也就不易开花了。

通过修剪促发新枝条

如果进入了这种状态，为了促使植株下部发出新枝条，可以在花后到进入梅雨季节之前将枝条从离地开始留 2～ 3节回剪。如果同时将所有枝条都剪短，可能造成伤害过大而难以发出新芽，所以最好是将半数枝条剪短，另外一半保留。需要注意，有的品种如果这个修剪进行得较晚，可能导致枝条在当年来不及充分生长而影响来年的开花效果。

需要重点防范的病虫害是什么？

病虫害较少

相比玫瑰、月季来说，铁线莲属于比较抗病虫害的植物，但在有的环境下也会发生一些病虫害。

需要注意的虫害

植物上常见的蚜虫和红蜘蛛类也容易出现在铁线莲上。它们吸食植物汁液，一旦泛滥便会影响植株生长。如果发现蚜虫，需要马上捕杀掉，通常种在玫瑰、月季旁边容易有这种情况，需要注意观察。红蜘蛛类喜高温干燥的环境，所以对于淋不到雨的盆栽需要加以注意，日常用水喷淋叶片背面可以起到预防作用。

食叶的夜蛾也需要注意。成虫通常白天潜伏在土里，夜晚活动，较难发现。孵化时常集中在一处群生，所以最好是在这个阶段集中捕杀。

需要注意的病害

在6～9月湿度高的季节里容易发生立枯病。从患病处开始枝叶变为黑褐色或茶色，需要把患病的部分去除并处置掉。应保持良好的通风。病原菌容易从伤口入侵，要注意牢固牵引以免枝叶受损。而且还要注意盆栽时要使用清洁的土壤。可适当喷洒杀菌剂进行病害预防。

在叶片背面出现橙色斑点状突起的赤锈病也是易发病害。通常在5～7月和9～10月持续下雨湿度较高的时期较易传染。这时尤其需要注意保持通风，如果发现有被传染而落叶的现象要把落叶收集起来马上处置掉。

此外，在气温低、湿度高的时期，若叶和花苞等处出现被撒上面粉似的状况，说明发生了白粉病。一旦发病，要将发病严重的部分全都剪掉。

要注意，在使用杀虫剂或杀菌剂时一定要仔细阅读说明书，按照说明使用。

花苞上的蚜虫。繁殖力极强，很快就会出现很多。

很多植物上都会有红蜘蛛。一旦被吸食汁液后会留下小白点样的痕迹，如果不处理可能植株各处会出现蜘蛛网状的丝状物。图片中为玫瑰的叶片。

图片中是发生锈病的葱叶。铁线莲上出现的赤锈病也属锈病的一种，也会在叶片上出现这样的橙色斑点状突起。

园艺基础用词集锦

下面将介绍本书相关的园艺词汇。

饼肥（油粕）

通常为菜籽等油料榨油后剩下的残渣，可以直接当作肥料使用。含氮量高，肥力持久。

拱门

设在花园小路或玄关处，主要用于藤本植物攀爬的半圆状塔架，铁艺品较多。

移栽

将植株移到其他地方栽种。

蓄水高度（浇水高度）

对于盆花来说，需要预留出暂时储水的缓冲空间，这样浇水的时候才不会出现水还没有充分渗到土里就流出盆外的情况。

立体花架（方尖碑式花架）

这是顶端较尖而呈高塔状的花架，可以放置于花园或花槽中让藤本植物攀爬其上欣赏美花。

成活

指在移栽或扦插后植物充分扎根并进入正常生长的状态。

植株分枝（分蘖）

指从一棵植株底端发出多根枝条（或枝干）的状态。

向上枯萎

指从植株下方向上，枝条和叶片相继枯萎的现象。

缓释性肥料

指有效成分缓慢析出的肥料，肥效持续时间长。

冬肥（寒肥）

这是在冬季给正在休眠的植株施用的肥料。为了保证春季复苏时得到最好的效果，通常使用缓慢析出有效成分的有机肥料。

腐熟堆肥（完熟堆肥）

使用牛粪及树皮等充分发酵腐熟的土壤改良介质。为了避免对植物的损伤，需要选用充分腐熟的堆肥。

地被植物

指枝条或茎部匍匐伸展呈覆盖地面状态的植物。

剑瓣（尖瓣）

这是用于形容花瓣形状的词汇，指花瓣的前端呈比较尖的形状。

直立株形

非藤本的，植株直立生长的类型。介于藤本和直立株形之间的称为半藤本株形。

骨粉

以动物骨骼为原料制作而成的肥料。含磷量高，肥效缓慢持久。

扦插

截取部分植物的枝或茎，插在介质里待其生根即可获得新的植株的方法。

四季开花性

这是相对于每年只在一个季节里开花的“单季开花类型”而言的。这类品种具备在一年中多次开花的特性，但并不是说全年春夏秋冬都会开花。

宿根花卉

指植株地下部分可以宿存于土壤中越冬，翌年春天地上部分又可萌发生长、开花结子的花卉。

修剪

指剪掉植株的茎、干或枝叶的过程。其目的为修整植株形态、大小或促进植株开出更多花来。

多年生

即使经过开花结果也不会枯萎，可以连续多年正常生长的品种。日本通常说的多年草指多年生草本品种。

追肥

根据植物的生长状况而施用肥料。

平面花架（花格）

指设在花园等处的格状栅栏或屏障物。不仅有木制的，还有铁艺等各种材质的。

根系盘结

指根系在花盆中充满，新根没有伸展空间的状态。这种状态下植株无法正常吸收水分及养分，如果放置不管可能会造成植株枯萎。

根坨（土坨、根钵）

指在把植株从花盆中拔出或挖出时根系和土盘结成一个土坨的状态。

藤架

供藤本植物攀爬的花架，夏季可以乘凉。

配土（培养土）

指培育植物所用的土壤。通常为了配合植物的生长，采用多种土配合混杂而成。

钵底石（盆底石）

为了增加花盆的排水性而在花盆底部铺的石头。常见使用大颗粒轻石或大颗粒珍珠岩等。

钵底网（盆底网）

为了避免从花盆底孔流失盆土和侵入害虫，在花盆底部铺的网子。

吊篮

种植植物并可以垂吊或壁挂装饰的花盆。

镶边

指花瓣或叶片的边缘与其他部分颜色有所不同的状态。

腐叶土

由落叶发酵分解而来的土壤改良介质，可以有效起到保水透气的作用。

圆柱

为了让藤本植物攀爬其上而设在花园等处的花园构造物。圆柱形，与方尖碑式的立体花架有些区别。

浇水坑（水钵）

将植株栽种到地里后，为了蓄住浇的水，在植株周围做出的小土坝。做出这样的水坑后可以充分浇水且有利于扎根。

木本植物

木本植物是指茎内木质部发达，质地坚硬的植物，一般直立、寿命长，能多年生长，与草本植物相对，人们常将前者称为树，后者称为草。

底肥

指植株定植时施用的肥料。

野生品种

指未经改良的品种。

牵引

指将植物的茎或枝条向栏杆、花格等处引导的作业。通过这样的过程可以使植株外观漂亮且便于打理。

及川洋磨

1979年出生于日本岩手县。在大学学习造园，毕业后进入父亲创办的铁线莲园艺中心“Oikawa Flo&Green”，从事铁线莲的生产与销售工作。近年来以分享“有铁线莲的花园玩法”的乐趣为己任，不仅积极生产，且举办“铁线莲周”等直销活动，为宣传有铁线莲相伴的生活而不懈努力，希望让更多的人感受到生活中有铁线莲的幸福感，为园艺提供更多可能性。他不仅在日本NHK电视台“趣味园艺”节目中担任讲师，且为《别冊NHK趣味**の**園芸　**クレマチス**育**て**方**から**最新品種**まで**》(《NHK趣味园艺 铁线莲的栽培方式及新品种》) 合著者之一。

图书在版编目（CIP）数据

铁线莲栽培入门 /（日）及川洋磨著；陶旭译．—武汉：湖北科学技术出版社，2018.5

ISBN 978-7-5706-0177-6

Ⅰ．①铁… Ⅱ．①及… ②陶… Ⅲ．①攀缘植物－观赏园艺 Ⅳ．① S687.3

中国版本图书馆 CIP 数据核字 (2018) 第 057274 号

责任编辑　胡婷
封面设计　胡博
出版发行　湖北科学技术出版社
地　　址　武汉市雄楚大街268号
　　　　　（湖北出版文化城B座13~14层）
邮　　编　430070
电　　话　027-87679468
网　　址　http//www.hbstp.com.cn
印　　刷　武汉市金港彩印有限公司
邮　　编　430023
开　　本　889 X 1092　1/16
印　　张　5
版　　次　2018年5月第1版
　　　　　2018年5月第1次印刷
字　　数　100 千字
定　　价　39.00 元